Даглар Мамедяров

Решение диофантовых уравнений методом «точных квадратов»

Даглар Мамедяров

Решение диофантовых уравнений методом «точных квадратов»

LAP LAMBERT Academic Publishing

Impressum / **Выходные данные**

Bibliografische Information der Deutschen Nationalbibliothek: Die Deutsche Nationalbibliothek verzeichnet diese Publikation in der Deutschen Nationalbibliografie; detaillierte bibliografische Daten sind im Internet über http://dnb.d-nb.de abrufbar.

Alle in diesem Buch genannten Marken und Produktnamen unterliegen warenzeichen-, marken- oder patentrechtlichem Schutz bzw. sind Warenzeichen oder eingetragene Warenzeichen der jeweiligen Inhaber. Die Wiedergabe von Marken, Produktnamen, Gebrauchsnamen, Handelsnamen, Warenbezeichnungen u.s.w. in diesem Werk berechtigt auch ohne besondere Kennzeichnung nicht zu der Annahme, dass solche Namen im Sinne der Warenzeichen- und Markenschutzgesetzgebung als frei zu betrachten wären und daher von jedermann benutzt werden dürften.

Библиографическая информация, изданная Немецкой Национальной Библиотекой. Немецкая Национальная Библиотека включает данную публикацию в Немецкий Книжный Каталог; с подробными библиографическими данными можно ознакомиться в Интернете по адресу http://dnb.d-nb.de.

Любые названия марок и брендов, упомянутые в этой книге, принадлежат торговой марке, бренду или запатентованы и являются брендами соответствующих правообладателей. Использование названий брендов, названий товаров, торговых марок, описаний товаров, общих имён, и т.д. даже без точного упоминания в этой работе не является основанием того, что данные названия можно считать незарегистрированными под каким-либо брендом и не защищены законом о брендах и их можно использовать всем без ограничений.

Coverbild / Изображение на обложке предоставлено: www.ingimage.com

Verlag / Издатель:
LAP LAMBERT Academic Publishing
ist ein Imprint der / является торговой маркой
OmniScriptum GmbH & Co. KG
Heinrich-Böcking-Str. 6-8, 66121 Saarbrücken, Deutschland / Германия
Email / электронная почта: info@lap-publishing.com

Herstellung: siehe letzte Seite /
Напечатано: см. последнюю страницу
ISBN: 978-3-659-63737-7

Оглавление

1. Введение…………………………………………………………….2
2. Решение диофантовых уравнений первой степени………………...4
3. Решение диофантовых уравнений второй степени………..………26
4. Решение диофантовых уравнений выше второй степени……...…..68
5. Использованная литература………………………………...………76

Введение

Большое значение для развития науки имели исследования древнегреческого ученого Диофанта. О древнегреческом ученом Диофанте известно очень мало. До нас дошли очень скудные сведения из его биографии. Даже годы жизни точно не известны. Есть основание считать, что он жил не ранее III в.н.э. Диофант написал большой труд под общим названием «Арифметика». «Арифметика» содержала всего 13 книг, но до нас дошли только 6, притом с большими пропусками. «Арифметика» Диофанта не учебник, она содержит различные задачи, решение которых сопровождается теоретическими объяснениями. Он не дает общих приемов решения. Каждая задача, каждое уравнение решается особым приемом, чаще всего остроумным и своеобразным. Диофант много занимался различного рода уравнениями, но более всего известен созданием остроумных способов решения неопределенных уравнений. Напоминаем, что неопределенными уравнениями называются уравнения с двумя или несколькими переменными.

Алгебраическое уравнение с одним или несколькими неизвестными, все коэффициенты которого-целые числа, а решения отыскиваются в множестве целых чисел, называют диофантовыми уравнениями. Теория диофантовых уравнений впоследствии получило очень большое развитие. В XVII в. французский ученый Баше создал общий способ решения диофантовых уравнений первой степени. В течении XVI – XVIII вв., ученые П. Ферма, Дж. Валлис, Л. Эйлер, Ж. Лагранж и К. Гаусс в основном закончили исследования уравнения вида;

$ax^2 + bxy + cy^2 + dx + cy + f = 0$, где a, b, c, d, f– целые числа. Исследуя уравнения с двумя переменными любой степени с целыми коэффициентами, норвежский математик А. Туэ, в XX в. доказал, что оно не может иметь бесконечное число целых решений. Советский математик Борис Делоне создал интересный метод исследования неопределенных уравнений определенного вида, позволяющий определять границы числа решений. Кроме Б.Н. Делоне, неопределенными уравнениями занимались многие ученые: А.О. Гельфанд, Д.К. Фадеев, В.А. Тартаковский и другие. Им принадлежат фундаментальные работы по теории диофантовых уравнений. Теория решения неопределенных уравнений является классическим разделом элементарной математики. В школьной программе эта тема затрагивается вскользь, в восьмом классе, можно сказать, что вообще не проходится. В последние годы она введена и на ЕГЭ по математике в заданиях $C6$. Задания С6 ЕГЭ являются наиболее трудными, относятся к высокому уровню сложности.

Основными методами решения диофантовых уравнений являются:

1. Разложение на множители
2. Выделение целой части

3. Окончание частей уравнения на одну и ту же цифру. Основной принцип при решении: левая и правая части уравнения в целых числах должны оканчиваться на одну и ту же цифру.

4. Метод оценки. Основной принцип: сведение уравнения в целых числах к уравнению с очевидной оценкой. В большинстве случаев представляет собой сведение к неопределенному выражению или к их сумме.

5. Сравнение левой и правой частей уравнения по какому-нибудь модулю.

6. Решение уравнений как квадратное относительно одной из переменных (соответственно, для квадратных и сходных сними уравнений).

В данном пособии мы приводим решения диофантовых уравнений с двумя или тремя переменными, методом «решение уравнений как квадратное относительно одной из переменных». Мы назвали этот метод «методом точных квадратов» потому, что дискриминант этих уравнений должен быть точным квадратом. Этим методом легко решаются уравнения с двумя переменными, где в уравнении есть их произведение. Отметим, что недостатком этого метода является то, что иногда приходится иметь дело с большими числами при решении уравнений с двумя переменными первой степени. В данном пособии мы приводим решения уравнений, предлагаемых на различных олимпиадах, в вариантах ЕГЭ раздела С, в различных пособиях по подготовке к ЕГЭ.В приведенной литературе вы найдете другие способы решений данных уравнений.

Раздел I

Решение диофантовых уравнений первой степени.

Пример 1. Решите в целых числах уравнение: $xy = x + y + 3$

Решение. Введем обозначение $x + y + 3 = t$ отсюда $x = t - y - 3$.

Подставляя $x = t - y - 3$ в левую часть нашего уравнения, получаем

$(t - 3)y - y^2 - t = 0$, или $y^2 - (t - 3)y + t = 0$. Решаем это уравнение как квадратное относительно y. $y = \frac{t-3\pm\sqrt{(t-3)^2-4t}}{2} = \frac{t-3\pm\sqrt{t^2-10t+9}}{2}$. Так как y - целое, выражение $t^2 - 10t + 9$ должно быть точным квадратом.

Пусть $t^2 - 10t + 9 = m^2$. Тогда $\boxed{y = \frac{t-3\pm m}{2}}$.

Имеем $t^2 - 10t + 9 - m^2 = 0$. Решим это уравнение как квадратное относительно t.

$t = 5 \pm \sqrt{25 - 9 + m^2} = 5 \pm \sqrt{m^2 + 16}$. Чтобы t было целым, надо чтобы выражение $m^2 + 16$ было точным квадратом. Пусть $m^2 + 16 = n^2$

или $n^2 - m^2 = 16$. Тогда $t = 5 \pm n$. Применяя тождество $\left(\frac{a+b}{2}\right)^2 - \left(\frac{a-b}{2}\right)^2 = ab$, представим 16 в виде произведения двух множителей одинаковой четности. Это: *16=8·2, 16=4·4*.

Вычисляем n и m.

1. Случай *16=8·2*. $n = \frac{a+b}{2} = \frac{8+2}{2} = 5, m = \frac{a-b}{2} = \frac{8-2}{2} = 3$. Тогда $t = 5 + 5 = 10$, или $t = 5 - 5 = 0$. Если t=10, $y = \frac{10-3+3}{2} = 5$, или $y = \frac{10-3-3}{2} = 2$. Тогда $x = 10 - 5 - 3 = 2$, или $x = 10 - 2 - 3 = 5$. Пары чисел (2;5), (5;2) являются решением. Если $t = 0, y = \frac{0-3+3}{2} = 0$,

   или $y = \frac{0 - 3 - 3}{2} = -3$; тогда $x = 0 - 0 - 3$, или $x = 0 + 3 - 3 = 0$.

   Пары чисел (-3;0), (0;-3) являются решением.

   2. Случай *16=4·4*. Вычислим n и m. $n = \frac{4+4}{2} = 4, m = \frac{4-4}{2} = 0$;

тогда $t = 5 + 4 = 9$, или $t = 5 - 4 = 1$. Если $t = 9$, то $y = \frac{t-3\pm0}{2} = \frac{9-3}{2} = 3$.

Тогда $x = 9 - 3 - 3 = 3$. Пара чисел (3; 3) является решением.

Если $t = 1$, то $y = \frac{1-3\pm0}{2} = -1$; тогда $x = 1 + 1 - 3 = -1$.

Пара чисел $(-1; -1)$ —является решением нашего уравнения.

5

Ответ: (-1;-1), (-3;0), (0;-3), (2;5), (3;3), (5;2).

Пример 2. Решите в целых числах уравнение: $x + y = xy$

Решение. Обозначим $x + y = t$. Отсюда $\boxed{x = t - y}$.

Подставив $x = t - y$ в правую часть уравнения, получаем $(t - y)y = t$,

или $y^2 - ty + t = 0$. Решим это уравнение как квадратное относительно y.

$y = \frac{t \pm \sqrt{t^2 - 4t}}{2}$; Так как y целое, то выражение $t^2 - 4t$ должно быть точным квадратом.

Пусть $t^2 - 4t = m^2$, тогда $\boxed{y = \frac{t \pm m}{2}}$. Решим уравнение $t^2 - 4t - m^2 = 0$.

$t = 2 \pm \sqrt{4 + m^2}$, так как t — целое, то выражение $m^2 + 4$ должно быть точным квадратом. Пусть $m^2 + 4 = n^2$, или $n^2 - m^2 = 4$, тогда $t = 2 \pm n$. Представим 4, как произведение двух множителей одинаковой четности.

Имеем $4 = 2 \cdot 2$, тогда $n = \frac{2+2}{2} = 2, m = \frac{2-2}{2} = 0$; найдем t.

$t = 2 + 2 = 4$, или $t = 2 - 2 = 0$. Если $t = 4, y = \frac{4 \pm 0}{2} = 2$, тогда $x = 4 - 2 = 2$.

Если $t = 0, y = \frac{0 \pm 0}{2} = 0$, $x = 0 - 0 = 0$.

Ответ: (0;0),(2;2).

Пример 3. Решите уравнение в целых числах: $y - x - xy = 2$.

Решение. Представим уравнение в следующем виде: $xy = y - x - 2$;

Обозначим $y - x - 2$ через t.

Имеем $y - x - 2 = t$. Выразим x через t. $\boxed{x = y - t - 2}$.

Данное выражение подставим в левую часть. Получаем $\big(y - (t + 2)\big)y = t$.

Отсюда $y^2 - (t + 2)y - t = 0$. Решим это уравнение как квадратное относительно y.

$y = \frac{t + 2 \pm \sqrt{t^2 + 8t + 4}}{2}$; Так как y — целое, то выражение $t^2 + 8t + 4$

должно быть точным квадратом. Пусть $t^2 + 8t + 4 = m^2$. Тогда $\boxed{y = \frac{t+2\pm m}{2}}$;.

Решим уравнение $t^2 + 8t + 4 - m^2 = 0$.

$t = -4 \pm \sqrt{16 - 4 + m^2} = -4 \pm \sqrt{m^2 + 12}$.

Так как t- целое, то выражение $m^2 + 12$ должно быть точным квадратом.

Пусть $m^2 + 12 = n^2$. Тогда $t = -4 \pm n$. Имеем $n^2 - m^2 = 12$. Представим 12 в виде произведения двух множителей одинаковой четности. Имеем; 12=6·2. Вычислим n и m. $n = \frac{6+2}{2} = 4, m = \frac{6-2}{2} = 2$, тогда $t = -4 + 4 = 0$, или $t = -4 - 4 = -8$. Если $t = 0, y = \frac{0+2+2}{2} = 2; x = 2 - 0 - 2 = 0$, или $y = \frac{0+2-2}{2} = 0$, $x = 0 - 0 - 2 = -2$. Пары чисел (0;2), (-2;0)- являются решением.

Если $t = -8, y = \frac{-8+2-2}{2} = -4, x = -4 + 8 - 2 = 2$ или $y = \frac{-8+2+2}{2} = -2$; $x = -2 + 8 - 2 = 4$.

Ответ:(2;-4), (4;-2), (-2;0), (0;2).

Пример 4. Решите в целых числах уравнение: $3xy + 2x + 2y = 0$

Решение: представим данное уравнение в следующем виде: $3xy = -2x - 3y$.

Обозначим $-2x - 3y$ через t, получаем $3xy = 2x - 3y = t$. Выразим x через $t, -2x = t + 3y$: $\boxed{x = -\frac{t+3y}{2}}$. Подставим $-\frac{t+3y}{2}$ в левую часть. Получаем уравнение $3\left(-\frac{t+3y}{2}\right)y = t$, или $-3(t + 3y)y - 2t = 0$.

$-9y^2 - 3ty - 2t = 0$: $9y^2 + 3ty + 2t = 0$.

Решим уравнение $9y^2 + 3ty + 2t = 0$ как квадратное.

$y = \frac{-3t \pm \sqrt{9t^2 - 72t}}{18} = \frac{-3t \pm 3\sqrt{t^2 - 8t}}{18} = -\frac{(t \pm m)}{6}$, где $m = \sqrt{t^2 - 8t}$. Так как $y -$ целое, то выражение $t^2 - 8t$ должно быть точным квадратом. Пусть $t^2 - 8t = m^2$. Решаем уравнение $t^2 - 8t - m^2 = 0$. $\boxed{t = 4 \pm \sqrt{a^2 + 16}}$. Так как $y -$ целое число, то выражение $m^2 + 14 = n^2$, тогда $t = 4 \pm n$.

Имеем $n^2 - m^2 = 16$. Представим 16 в виде произведения двух множителей одинаковой четности.

Это $4 \cdot 4$; $8 \cdot 2$. Найдем m и n.

а) $n = \frac{4+4}{2} = 4$, $m = \frac{4-4}{2} = 0$. Тогда $t = 4 + 4 = 8$, или $t = 4 - 4 = 0$;

Если $t = 8, y = -\frac{8+0}{6}$ (не целое). Если $t = 0, y = \frac{0+0}{6} = 0$,

тогда $x = -\frac{0+3\cdot0}{6} = 0$.

Пара чисел (0;0) является решением.

б). $n = \frac{8+2}{2} = 5, m = \frac{8-2}{2} = 3$; тогда $t = 4 + 5 = 9$, или $4 - 5 = -1$, если $t = 9$,

$y = -\frac{9+3}{6} = -1$, или $y = \frac{-9-3}{6} = -2, x = \frac{-9+3\cdot(-1)}{2} = -3$.

Если $y = -2$, то $x = -\frac{9+3\cdot(-2)}{2} = -1,5$ (не целое).

Пара чисел (-3;-1) является решением.

Если $t = -1, y = -\frac{(1+3)}{6}$ (не целое), или $y = -\left(\frac{1-3}{6}\right)$ не целое.

Ответ; (-3;-1), (0;0).

Пример 5. Решите в целых числах уравнение: $y + 4x + 2xy = 0$

Решение. Представим уравнение в следующем виде; $2xy = -4x - y$. Обозначим $-4x - y = t$, выразим y через $t. y = -4x - t$. Подставим это выражение в левую часть уравнения.

Получаем; $2x(-4x - t) = t$. Или $-8x^2 - 2tx - t = 0, 8x^2 + 2t + t = 0$. Решим это уравнение $\boxed{x = \frac{-t\pm\sqrt{t^2-8t}}{8}}$; Так как x целое, то выражение $t^2 - 8t$ должно быть точным квадратом. Пусть $t^2 - 8t = m^2$, тогда $\boxed{x = \frac{-t\pm m}{8}}$;

Решим уравнение $t^2 - 8t - m^2 = 0$. $t = 4 \pm \sqrt{m^2 + 16}$. Так как t целое, то выражение $m^2 + 16$ должно быть точным квадратом.

Пусть $m^2 + 16 = n^2$ или $n^2 - m^2 = 16$. Тогда $\boxed{t = 4 \pm n}$. Представим 16 как произведение множителей одинаковой четности. Это: $4 \cdot 4$ и $8 \cdot 2$.

Найдем n и m.

а) $4 \cdot 4 = 16. n = \frac{4+4}{2} = 4, m = \frac{4-4}{2} = 0$. Тогда $t = 4 + 4 = 8, t = 4 - 4 = 0$.

Если $t = 8$,

$x = \frac{-8 \pm 0}{8} = -1, y = -4(-1) - 8 = -4$ Пара чисел (-1;-4) является решением.

Если $t = 0, x = \frac{0 \pm 0}{8} = 0; y = -4 \cdot 0 - 0 = 0.$

Пара чисел (0;0) –является решением.

б). $8 \cdot 2. n = \frac{8+2}{2} = 5, m = \frac{8-2}{2} = 3.$ Тогда $t = 4 + 5 = 9,$

или $t = 4 - 5 = -1.$ Если $t = 9,$ $x = \frac{-9+3}{8}$ (не целое) или $x = \frac{-9-3}{6}$ (не целое)

Ответ: (-1;-4), (0;0).

Пример 6. Решите в целых числах уравнение $xy + x - 3y = -4$

Решение: Представим уравнение в следующем виде; $xy = 3y - x - 4.$

Обозначим $3y - x - 4$ через t, имеем $3y - x - 4 = t.$ Выразим x через t,

$\boxed{x = 3y - t - 4}$. Подставим это выражение в левую часть уравнения.

Получаем; $(3y - (t + 4)y = t$или $3y^2 - (t + 4)y - t = 0.$ Решим это уравнение

$y = t + 4 \pm \sqrt{t^2 + 20t + 16}.$ Так как $y -$ целое, то выражение $t^2 + 20t + 16$ должно быть точным квадратом. Пусть $t^2 + 20t + 16 = m^2.$

Тогда $y = \frac{t+4\pm m}{6}$: Решим уравнение $t^2 + 20t + 16 - m^2 = 0.$

$t = -10t \pm \sqrt{100 - 16 + m^2} = -10 \pm \sqrt{m^2 + 84}.$ Так как$t-$ целое, то выражение $m^2 + 84$ должно быть точным квадратом. Пусть $m^2 + 84 = n^2,$

$n^2 - m^2 = 84,$ тогда $\boxed{t = -10 \pm n.}$ Представим число 84 в виде произведения двух множителей одинаковой четности. Это: $42 \cdot 2, 14 \cdot 6.$

Найдем m и $n.$ а). $n = \frac{42+2}{2} = 22, m = \frac{42-2}{2} = 20.$ Тогда $t = -10 + 22 = 12,$ или

$t = -10 - 22 = 32.$ Если $t = 12, y = \frac{12+4-20}{6}$ (не целое) или

$y = \frac{12+4+20}{6} = \frac{36}{6} = 6.$ $x = 3 \cdot 6 - 12 - 4 = 2.$

Пара чисел (2:6) является решением.

Если $t = -32, y = \frac{-32+4-20}{6} = -8, x = -24 + 32 - 4 = 4.$

Пара чисел (4:-8) является решением или $y = \frac{-32-4+20}{6}$ (не целое).

б). $n = \frac{14+6}{2} = 10, m = \frac{14-6}{2} = 4$: Тогда $t = -10 + 10 = 0$,

или $t = -10 - 10 = -20$, если $t = 0$,

$y = \frac{4+4}{6}$ (не целое) или $y = \frac{4-4}{6} = 0, x = 3 \cdot 0 - 0 - 4 = -4$.

Пара чисел $(-4:0)$ является решением.

Если $t = -20, y = \dfrac{-20+4-4}{6}$ (не целое) или $y = \dfrac{-20+4+4}{6} = \dfrac{-12}{6} = -2$:

$x = 3(-2) + 20 - 4 = 10$

Пара чисел (10:-2) -является решением.

Ответ (-4:0), (10: -2), (4: -8), (2:6).

Пример 7. Найдите пары целых чисел, удовлетворяющих уравнению

$xy - 3x - 5y = -3$. Решение. Представим уравнение в следующем виде:

$xy = 3x + 5y - 3$. Обозначим $3x + 5y - 3$ через t, то есть $3x + 5y - 3 = t$. Выразим x через t,

$3x = t - 3y + 3, \boxed{x = \frac{t-5y+3}{3}}$. Подставив это в левую часть, получим $\left(\frac{t-5y+3}{3}\right)y = t, -5y^2 + (t+3)y - 3t = 0, 5y^2 - (t+3)y + 3t = 0$. Решим это уравнение как квадратное относительно y. $y = \frac{t+3\pm\sqrt{t^2-54t+9}}{10}$; Так как y — целое, то выражение $t^2 - 54t + 9$ должно быть точным квадратом.

Пусть $t^2 - 54t + 9 = m^2$, тогда $\boxed{y = \frac{t+3\pm m}{10}}$

Решим уравнение $t^2 - 54t + 9 - m^2 = 0$. $t = 271 \pm \sqrt{720 + m^2}$. Так как -целое, то выражение $m^2 + 720$ должно быть точным. Пусть $m^2 + 720 = n^2$

или $n^2 - m^2 = 720$ тогда $t = 27 \pm n$. Представим 720 в виде произведения двух множителей одинаковой четности.

Это $360 \cdot 2$, $180 \cdot 4, 90 \cdot 8, 72 \cdot 10, 20 \cdot 36, 120 \cdot 6, 60 \cdot 12, 30 \cdot 24, 40 \cdot 18$. Найдем m и n.

1 случай. $n = \frac{360+2}{2} = 181, m = \frac{360-2}{2} = 179,$

тогда $t = 27 + 181 = 208$ или $t = 27 - 181 = -154.$ Если $t = -154,$

$y = \frac{-154+3-179}{10} = -33. \, x = \frac{-154-5(-33)+3}{3} = \frac{14}{3}$ (не целое), или

$y = \frac{-154+3+179}{10}$ (не целое). Если $t = 208,$ то $y = \frac{208+3-179}{10} = \frac{32}{10}$ (не целое)

или $= \frac{208+3+179}{10} = 39, x = \frac{208-5\cdot39+3}{3}$ (не целое).

2 случай. $n = \frac{180+4}{2} = 92, m = \frac{180-4}{2} = 88.$ Тогда $t = 27 \pm 92, t = -65,$

$t = 119.$ Если $t = -65, y = \frac{-65-88+3}{10} = -15, x = \frac{-65+45+3}{3} = -\frac{17}{3}$ (не целое)

или $y = \frac{-65+3+88}{10} = \frac{26}{10}$ (не целое). Если $t = 119, y = \frac{119+3-88}{10} = \frac{34}{10}$ (не целое)

или $y = \frac{119+3+88}{10} = 21, x = \frac{119-105+3}{3} = \frac{17}{3}$ (не целое).

3 случай. $720=90\cdot8, n = \frac{90+8}{2} = 49, m = \frac{90-8}{2} = 41,$ тогда $t = 27 \pm 49,$

$t = -22, t = 76.$ Если $t = -22, y = \frac{-22+3-41}{10} = -6, x = \frac{-22+30+3}{3} = \frac{11}{3}$ (не целое)

или $y = \frac{-22+3+41}{10} = \frac{22}{10}$ (не целое). Если $t = 76, \, y = \frac{76+3-41}{10} = \frac{38}{10}$ (не целое) или

$y = \frac{76+3+41}{10} = 12, \, x = \frac{76-60+3}{3} = \frac{19}{3}$ (не целое). 4 случай.

$720 = 72 \cdot 10,$ найдем m и $n.$

$n = \frac{72+10}{2} = 41, \, m = \frac{72-10}{2} = 31.$

Тогда $t = 27 - 41 = -14$ или $t = 27 + 41 = 68.$

Если $t = -14, y = \frac{-14=3-31}{10}$ (не целое) или $y = \frac{-14+3+31}{10} = \frac{20}{10} = 2,$

$x = \frac{-14-10+3}{3} = -7.$

Пара чисел (-7:2) – является решением.

Если $t = 68, y = \frac{68+3-31}{10} = 4, x = \frac{68-20+3}{3} 17.$

Пара чисел (17:4) – является решением.

5 случай. $720 = 36 \cdot 20$. Найдем m и n. $n = \frac{36+20}{2} = 28$, $m = \frac{36-20}{2} = 8$, тогда

$t = 27 - 28 = -1$ или $t = 27 + 28 = 55$. Если $t = -1$,

$y = \frac{-1+3-8}{10} = -\frac{6}{10}$ (не целое) или $y = \frac{-1+3+8}{10} = 1$,

$x = \frac{-1-5+3}{3} = -1$. Пара чисел $(-1 : 1)$ – является решением.

Если $t = 55$, $y = \frac{55+3-8}{10} = 5$, $x = \frac{55-25+3}{3} = 11$. Или $y = \frac{55+3+8}{10}$ (не целое)

Пара чисел $(5 : 11)$ – является решением.

6 случай. $40 \cdot 18 = 720$. $n = \frac{40+18}{2} = 29$, $m = \frac{40-18}{2} = 11$,

тогда $t = 27 - 29 = -2$ или $t = 27 + 29 = 56$. Если $t = -2$, $y = \frac{-2+3-11}{10} = -1$,

$x = \frac{-2+5+3}{3} = 2$. Или $y = \frac{-2+3+11}{10}$ (не целое). Пара чисел $(2 : -1)$ – является решением.

Если $t = 56$, $y = \frac{56+3-11}{10}$ (не целое) или $y = \frac{56+3+11}{10} = 7$, $x = \frac{56-35+3}{3} = 8$.

Пара чисел $(7 : 8)$ – является решением.

7 случай. $720 = 120 \cdot 6$. $n = \frac{120+6}{2} = 63$, $m = \frac{120-6}{2} = 57$. Тогда $t = 27 - 63 = -36$,

$t = 27 + 63 = 90$. Если $t = -36$, $y = \frac{-36+3-57}{10} = -9$, $x = \frac{-36+45+3}{3} = 4$.

Или $y = \frac{-36+3+57}{10}$ (не целое).

Пара чисел $(-9 : 4)$ – является решением.

Если $t = 90$, $y = \frac{90+3-57}{10}$ (не целое) или $y = \frac{90+3+57}{10} = 15$, $x = \frac{90-75+3}{3} = 6$

Пара чисел $(15 : 6)$ – является решением.

8 случай. $60 \cdot 12 = 720$. $n = 36$, $m = 24$ тогда $t = 27 - 36 = -9$,

$t = 27 + 36 = 63$. Если $t = -9$, $y = \frac{-9+3-24}{10} = -3$, $x = \frac{-9+15+3}{3} = 3$

Пара чисел $(-3 : 3)$ – является решением. Или $y = \frac{-9+3+24}{10}$ (не целое).

Если $t = 63$, $y = \frac{63+3-24}{10}$ (не целое) или $y = \frac{63+3+24}{10} = 9$, $x = \frac{63-45+3}{3} = 7$.

Пара чисел (7:9) – является решением.

9 случай. $720 = 30 \cdot 24$. $n = \frac{54}{2} = 27, m = \frac{6}{2} = 3$ тогда $t = 27 - 27 = 0$

или $t = 27 + 27 = 54$. Если $t = 0, y = \frac{0+3-3}{10} = 0$, $x = \frac{0-0+3}{3} = 1$.

Пара чисел (0:1) – является решением. Если $t = 54$, $y = \frac{54-30+3}{10}$ (не целое)

или $y = \frac{54+3+3}{10} = 6, x = \frac{54-30+3}{3} = 9$. Пара чисел (9:6) – является решением.

Ответ: (-7:2),(17:4),(11:5),(2:-1),(8:7),(4:-9),(6:15),(3:-3),(7:9),(1:0),(9:6),(-1:1).

Пример 8. Решить в целых числах уравнение $71x + 13y = xy - 14$

Решение: Представим уравнение в следующем виде: $xy = 71x + 13y + 14$.
Обозначим $71x + 13y + 14 = t$. Выразим x через t. Получаем $\boxed{x = \frac{t-13y-14}{71}}$.
Подставив это выражение в левую часть уравнения, получаем уравнение
$(t - 14 - 13y)y - t = 0$; $(t - 14)y - 13y^2 - 71t = 0$.

Или $13y^2 - (t - 14)y + 71t = 0$.

Решим это уравнение: $y = \frac{t-14 \pm \sqrt{t^2 - 28t + 196 - 52 \cdot 71t}}{26}$;

$y = t - 14 \pm \sqrt{t^2 - 3720t + 196}$. Так как у -целое, то выражение

$t^2 - 3720t + 196$ должно быть точным квадратом.

Пусть $t^2 - 3720t + 196 = m^2$, тогда $\boxed{y = \frac{t-14 \pm m}{26}}$;

Решим уравнение $t^2 - 3720t + 196 - m^2 = 0$.

$t = 1860 \pm \sqrt{1860^2 - 196 + m^2} = 1860 \pm \sqrt{1874 \cdot 1846 + m^2}$.

Так как t – целое, то выражение $m^2 + 1874 \cdot 1846$ должно быть точным квадратом.

Пусть $m^2 + 1874 \cdot 1846 = n^2$ или $n^2 - m^2 = 1874 \cdot 1846$. Тогда $\boxed{t = 1860 \pm n}$.

Представим $1874 \cdot 1846$ в виде произведения двух множителей одинаковой четности. Так как

13

$1874 \cdot 1846 = 2 \cdot 937 \cdot 2 \cdot 923 = 2 \cdot 937 \cdot 2 \cdot 13 \cdot 71$. Получаем следующие варианты:

1) $2(937 \cdot 2 \cdot 13 \cdot 71) = 2 \cdot 1738702$
2) $26(2 \cdot 937 \cdot 71) = 26 \cdot 133054$
3) $142(937 \cdot 2 \cdot 13) = 142 \cdot 24362$
4) $(2 \cdot 937) \cdot (2 \cdot 13 \cdot 71) = 1874 \cdot 1846$

Рассмотрим первый случай. Найдем m и n.

$n = \frac{1738702+2}{2} = \frac{1738704}{2} = 869352, \quad m = \frac{1738702-2}{2} = 869350.$

Тогда $t = 1860 \pm 869352$;

$t = -867492$ или $t = 871212$.

Если $t = -867492, y = \frac{-867492-14-869350}{26} = -\frac{1736856}{26}$ (не целое)

или $y = \frac{-867492-14+869350}{26}$ (не целое). Если $t = 871212$,

$y = \frac{871212-14-869350}{26}$ (не целое). Рассмотрим второй случай. Найдем m и n

$n = \frac{133080}{2} = 66540; \quad m = \frac{133054-26}{2} = 66514,$ найдем $t, t = 1860 \pm 66540,$

$t = -64680$ или $t = 68400$. Если $t = -64680,$

$y = \frac{-64860-14-66514}{26} = \frac{-131208}{26}$ (не целое) или $y = \frac{-64860-14+66514}{26}$ (не целое).

Если $t = 68400$, то $y = \frac{68400-14+66514}{26} = 72,$

$x = \frac{68400-13 \cdot 72-14}{71} = 950.$ Пара чисел $(950;72)$ – является решением.

Рассмотрим третий случай. Найдем m и .

$n = \frac{24362+142}{2} = 12252, \quad m = \frac{24362-142}{2} = 12110.$

Тогда $t = 1860 - 12252 = -392$ или

$t = 1860 + 12252 = 14112.$ Если $t = -392$, $y = \frac{-392-14+12110}{26}$ (не целое) или

$y = \frac{-392-14-12110}{2}$ (не целое). Если $t = 14112, y = \frac{14112-14+12110}{26} = 1008,$

$x = \frac{14112-13 \cdot 1008-14}{71} = 14.$ Пара чисел $(14;1008)$ – является решением.

Рассмотрим четвертый случай. Найдем m и n.

$n = \frac{1874+1846}{2} = 1860, \quad m = \frac{1874-1846}{2} = 28.$ Тогда $t = 1860 + 1860 = 3720,$

$t = 1860 - 1860 = 0.$ Если $t = 3720, y = \frac{3720-28}{26}$ (не целое) или $y = \frac{3720+28-14}{26}$

(не целое). Если $t = 0, y = \frac{0-14-28}{26}$ (не целое) или $y = \frac{0-14+28}{26}$ (не целое).

Ответ: (950;72), (14;1008).

Пример 9. Решите в натуральных числах уравнение $3x - xy - 2y = 6$

Решение. Представим данное уравнение в следующем виде:

$xy = 3x - 2y - 6$. Обозначим $3x - 2y - 6$ через t, и подставим это в левую

часть. Получим $\boxed{x = \frac{t+2y+6}{3}}$; $(t + 6 + 2y)y - 3t = 0$; $2y^2 + (t + 6)y - 3t = 0$.

Решим это уравнение как квадратное относительно y.

$y = \frac{-(t+6)\pm\sqrt{t^2+36t+36}}{4}$; Так как y -целое, то выражение $t^2 + 36t + 36$ должно

быть точным квадратом. Пусть $t^2 + 36t + 36 = m^2$.Тогда $\boxed{y = \frac{-(t+6)\pm m}{4}}$.

Решим уравнение $t^2 + 36t + 36 - m^2 = 0$.

$t = -18 \pm \sqrt{324 - 36 + m^2} = -18 \pm \sqrt{m^2 + 288}$. Так как t - целое,

то выражение $m^2 + 288$ должно быть точным квадратом. Пусть $m^2 + 288 = n^2$,

тогда $\boxed{t = -18 \pm n}$. Представим 288 в виде произведения двух множителей

одинаковой четности. Это; $144 \cdot 2; 4 \cdot 72; 8 \cdot 36; 6 \cdot 48; 12 \cdot 24; 18 \cdot 6$.

Рассмотрим первый случай, найдем m и n.

$n = \frac{146}{2} = 73, m = \frac{142}{2} = 71$. Тогда $t = -18 - 73 = -91, t = -18 + 73 = 55$.

Если $t = -91$,

$y = \frac{85-71}{4}$ (не целое) или $y = \frac{85+71}{4} = 39, x = \frac{-91+78+6}{3}$ (не целое). Если $t = 55$,

$y = \frac{-(55+6)-71}{4} = \frac{-61-71}{4} = -\frac{132}{4} = -33$ (не натуральное)

2 случай. $n = \frac{76}{2} = 38, m = \frac{68}{2} = 34$. Тогда $t = -18 - 38 = -56$ или

$t = -18 + 38 = 20$. Если $t = -56$, $y = \frac{50-34}{4}$=4, $x = \frac{-56+8+6}{3}$ (не натуральное)

или $y = \frac{-56+34}{4} = 21, x = \frac{-56+48+6}{3} = 0$.(не натуральное).

Если $t = 20, y = \frac{-26+34}{4} = 2, x = \frac{20+4+6}{3} = 10$.

Пара чисел (10;2) является решением.

Третий случай.

$n = \frac{44}{2} = 22, m = \frac{28}{2} = 14$. Тогда $t = -18 - 22 = -30$,

или $t = -18 + 22 = 4$. Если $t = -30$, $y = \frac{24-14}{4}$(не натуральное) или $y = \frac{24+14}{4}$

(не натуральное). Если $t = 4, y = \frac{-10-14}{4} = -6$ (не натуральное)

или $y = \frac{-10+14}{4} = 1, x = \frac{4+2+6}{3} = 4$.

Пара чисел (4;10) является решением.

Четвертый случай. $n = \frac{54}{2} = 27, m = \frac{42}{2} = 21$. Тогда $t = -18 - 27 = -45$,

$t = -18 + 27 = 9$. Если $t = -45, y = \frac{39-21}{4}$ (не натуральное)

или $y = \frac{39+21}{4} = 15$, $x = \frac{-45+30+6}{3} = -3$ (не натуральное).

Если $t = 9, y = \frac{-15-21}{9} = -9$ (не натуральное) или $y = \frac{-15+21}{4}$ (не натуральное).

Пятый случай. $n = \frac{36}{2} = 18, m = \frac{12}{2} = 6$. Тогда $t = -18 - 18 = -36$,

$t = -18 + 18 = 0$. Если $t = -18, y = \frac{12-6}{4}$ (не натуральное) или $y = \frac{-6+6}{4} = 0$

(не натуральное). Если $t = 0$, $y = \frac{-6-6}{4} = -3$ (не натуральное)

или $y = \frac{-6+6}{4} = 0$ (не натуральное).

Шестой случай. $n = \frac{34}{2} = 17, m = \frac{2}{2} = 1$. Тогда $t = -18 - 17 = -35$,

$t = -18 + 17 = -1$.   Если $t = -35, y = \frac{29-1}{4} = 7, x = \frac{-35+14+6}{3} = -5$ (не

натуральное) или $y = \frac{29+1}{4}$ (не натуральное). Если $t = -1, y = \frac{-5-1}{4}$ (не

натуральное) или $y = \frac{-5+1}{4} = -1$ (не натуральное).

Ответ: (4;1), (10;2).

Пример 10. Найдите целые корни уравнения $xy - 2x + 3y = 9$

Решение. Представим уравнение в следующем виде; $xy = 2x - 3y + 9$.

Обозначим $2x - 3y + 9$ через $t, 2x - 3y + 9 = t$.   Выразим

x через t. $\boxed{x = \frac{t+3y-9}{2}}$; Подставим это выражение в левую часть уравнения.

Получаем $\left(\frac{t+3y-9}{2}\right)y - t = 0; (t - 9)y + 3y^2 - 2t = 0$.

Решим   это   уравнение $y = \frac{9-t\pm\sqrt{t^2+6t+81}}{6}$.   Так   как $y -$

целое, то выражение $t^2 + 6t + 81$ должно быть точным квадратом.

Пусть $t^2 + 6t + 81 = m^2$, тогда $\boxed{y = \frac{9-t\pm m}{6}}$. Решим уравнение

$t^2 + 6t + 81 - m^2 = 0$, $t = -3 \pm \sqrt{m^2 - 72}$. Так как $t -$целое, то выражение $m^2 - 72$ должно быть точным квадратом. Пусть $m^2 - 72 = n^2. m^2 - n^2 = 72$.

Тогда $\boxed{t = -3 \pm n}$. Представим 72 в виде произведения двух множителей одинаковой четности. Это: $36 \cdot 2; 18 \cdot 4; 12 \cdot 6$.

Рассмотрим все три случаи и вычислим m и n.

1 случай. $m = \frac{36+2}{2} = 19, n = \frac{36-2}{2} = 17$, тогда $t = -3 - 17 = -20$

или $t = -3 + 17 = 14$. Если $t = -20, y = \frac{9+20-19}{6}$ (не целое)

или $y = \frac{9+20+19}{6} = 8, x = \frac{-20+3\cdot8-9}{2}$ (не целое).

Если $t = 14$, $y = \frac{9-14-19}{6} = -4$, $x = \frac{14+9(-4)-9}{2}$ (не целое).

2 случай. $m = \frac{18+4}{2} = 11$, $n = \frac{18-4}{2} = 7$. Тогда $t = -3 + 7 = 4$, или $t = -10$.

Если $t = -10$, $y = \frac{9+10-11}{6}$ (не целое) или $y = \frac{9+10+11}{6} = 5$, $x = \frac{-10+15-9}{2} = -2$.

Пара чисел (-2;5) является решением. Если $t = 4$, $y = \frac{9-4-11}{6} = -1$,

$x = \frac{4-3-9}{2} = -4$.

Пара чисел (-4;-1) является решением.

3 случай. $m = \frac{12+6}{2} = 9$, $n = \frac{12-6}{2} = 3$. Тогда $t = -6$ или $t = 0$. Если $t = -6$,

$y = \frac{9+6-9}{6} = 1$, $x = \frac{-6+3-9}{2} = -6$ или $y = \frac{9+6+9}{6} = 4$, $x = \frac{-6+12-9}{2}$ (не целое).

Если $t = 0$, $y = \frac{9-0+9}{6} = 3$, $x = \frac{0+9-9}{2} = 0$.

Пара чисел (0;3) является решением.

Ответ: (0;3), (-6;1), (-4;-2), (-2;5).

Пример 11. Решите уравнение $xy = 3x + 5y$ в натуральных числах.

Решение. Обозначим $3x + 5y = t$, выразим x через t $\boxed{x = \frac{t-5y}{3}}$. Подставим это в левую часть данного уравнения.

Получаем $\left(\frac{t-5y}{3}\right)y - t = -5y^2 + ty - 3t = 0$, или $5y^2 - ty + 3t = 0$.

Решим это уравнение $y = \frac{t \pm \sqrt{t^2-60t}}{10}$, так как -целое, то выражение $t^2 - 60t$ должно быть точным квадратом. Пусть $t^2 - 60t = m^2$, тогда $\boxed{y = \frac{t \pm m}{10}}$.

Решим уравнение $t^2 - 60t - m^2 = 0$, $t = 30$, $t \pm \sqrt{900 + 4m^2}$, так как -целое, то выражение $900 + 4m^2$ должно быть точным квадратом.

Пусть $900 + 4m^2 = n^2$. Тогда $\boxed{t = 30 \pm n}$. Имеем $n^2 - (2m^2) = 900$.

Представим 900 в виде произведения двух чисел одинаковой четности.

Это; $450 \cdot 2$; $6 \cdot 150$; $50 \cdot 18$; $10 \cdot 90$; $30 \cdot 30$: Рассмотрим все случаи и вычислим n и m.

1 случай. $n = \frac{450+2}{2} = 226$, $m = \frac{450-2}{2} = 224$. Тогда $t = 30 + 226 = 256$ или $t = 30 - 226 = -196$. Если $t = 256$, $y = \frac{226-224}{10}$ (не целое)

или $y = \frac{226+224}{10} = 45$, $x = \frac{226-2\cdot45}{3} = \frac{286-90}{3}$ (не целое). Если $t = -196$,

$y = \frac{-196-224}{10}$ (не натуральное) или $y = \frac{-196+224}{10} = \frac{28}{10}$ (не целое).

2 случай. $150 \cdot 6$. $n = \frac{156}{2} = 78$, $m = \frac{144}{2} = 72$, тогда $t = 30 + 78 = 108$

или $t = 30 - 78 = -48$. Если $t = -48$, $y = \frac{-48+72}{10}$ (не целое) или $y = \frac{-48-72}{10}$ (не целое).

17

Если $t = 108, y = \frac{108+72}{10} = 18, x = \frac{108-90}{3} = 6$ или $y = \frac{108-72}{10}$ (не целое).

Пара чисел $(6;18)$ является решением.

3 случай. $50 \cdot 18; n = \frac{50+18}{2} = 34, m = \frac{50-18}{2} = 16$, тогда $t = 30 - 34 = -4$,

или $t = 30 + 34 = 64$. Если $t = -4, y = \frac{-4-16}{10} = -2$ (не натуральное)

или $y = \frac{-4+16}{10}$ (не целое). Если $t = 64, y = \frac{64-16}{10}$ (не целое)

или $y = \frac{64+16}{10} = 8, x = \frac{64-40}{3} = 8$.

Пара чисел $(8;8)$ является решением.

4 случай. $n = \frac{90+10}{2} = 50, m = \frac{90-10}{2} = 40$, тогда $t = 30 - 50 = -20$

или $t = 30 + 50 = 80$. Если $t = -20, y = \frac{-20+40}{10} = 2, x = \frac{-20-10}{2}$ (не

натуральное) или $y = \frac{-20-40}{10}$ (не натуральное). Если $t = 80, y = \frac{80-40}{10} = 4$,

$x = \frac{80-20}{3} = 20$.

Пара чисел $(20;4)$ является решением.

5 случай. $n = 30, m = 0$. Тогда $t = 30 - 30 = 0$ или $t = 60$. Если $t = 0$,

$y = 0, x = 0$ (не натуральное). Если $t = 60, y = \frac{60-0}{10} = 6, x = \frac{60-30}{3} = 10$.

Пара чисел $(10;6)$ является решением.

Ответ $(10;6), (20;4), (8;8), (6;18)$.

Пример 12. Решите уравнение $10x + y = 2xy$ в целых числах.

Решение. Обозначим $10x + y$ через t. Выразим y через t. $y = t - 10x$.

Подставим это в правую часть данного уравнения $2x(t - 10x) - t = 0$. Отсюда

$20x^2 - 2tx + t = 0$. Решим это уравнение как квадратное. $\boxed{x = \frac{t \pm \sqrt{t^2 - 20t}}{20}}$. Так

как x – целое, то выражение $t^2 - 20t$ должно быть точным квадратом. Пусть

$t^2 - 20t = m^2$, тогда $\boxed{x = \frac{t \pm m}{20}}$.

Решим уравнение $t^2 - 20t - m^2 = 0$. $t = 10 \pm \sqrt{100 + m^2}$.

Так как t – целое, то выражение $m^2 + 100$ должно быть точным квадратом.

Пусть $m^2 + 100 = n^2, n^2 - m^2 = 100$. Тогда $\boxed{t = 10 \pm n}$.

Представим 100 в виде произведения двух чисел одинаковой четности.

Это: $50 \cdot 2; 10 \cdot 10$.

1 случай. $n = 26, m = 24$, тогда $t = 10 + 26 = 36$

или $t = 10 - 26 = -16$. Если $t = 36$,

$x = \frac{36+24}{20} = 3, y = 36 - 10 \cdot 3 = 6$.

Пара чисел $(3; 6)$ является решением.

Или $x = \frac{36-24}{20}$(не целое).Если $t = -16, x = \frac{-16+24}{20}$ (не целое)

или $x = \frac{-16-24}{2} = -2$,

$y = -16 + 20 = 4$. Пара чисел $(-2; 4)$является решением.

2 случай. $n = 10, m = 0$, тогда $t = 20$ или $t = 0$. Если $t = 20, x = \frac{20}{20} = 0$,

$y = 20 - 10 = 10$. Если $t = 0, x = \frac{0}{20} = 0, y = 0$.

Ответ (3;6), (-2;4), (1;10), (0;0).

Пример 13. Решить в целых числах уравнение $2x + 3xy - 2y = 13$

Решение. Представим уравнение в следующем виде $3xy = 2y - 2x + 13$.

Обозначим $2y - 2x + 13$ через t.

Выразим y через t и подставим в левую часть уравнения.

Получаем $\boxed{y = \frac{2x+t-13}{2}}$.

$3x(2x + t - 13) - 2t = 0, 6x^2 + 3(t - 13)x - 2t = 0$.

Решим это уравнение $x = \frac{-3(t-13)\pm\sqrt{9t^2-186t+1521}}{12}$. Так как x- целое, то выражение$9t^2 - 186t + 1521$ должно быть точным квадратом.

Пусть $9t^2 - 186t + 1521 = m^2$.Тогда $\boxed{x = \frac{-3(t-13)\pm m}{12}}$.

Решим уравнение $9t^2 - 186t + 1521 - m^2 = 0$,

$t = \frac{93\pm\sqrt{8649-13689+9m^2}}{9} = \frac{93\pm\sqrt{(3m)^2-5040}}{9}$. Так как t- целое, то выражение $(3m)^2 - 5040 = n^2$, или $(3m)^2 - n^2 = 5040$. Тогда $\boxed{t = \frac{93\pm n}{9}}$.

Представим 5040 в виде произведения двух чисел одинаковой четности.

Это: $2 \cdot 2520; 4 \cdot 1210; 10 \cdot 504; 20 \cdot 252; 40 \cdot 126; 6 \cdot 840; 12 \cdot 420;$
$24 \cdot 210; 60 \cdot 84; 120 \cdot 42; 30 \cdot 168; 90 \cdot 56; 180 \cdot 28; 360 \cdot 14; 70 \cdot 72;$
$140 \cdot 36; 280 \cdot 48.$

1 случай. $3m = \frac{2522}{2} = 1261, m$(не целое).

2 случай. $3m = \frac{1214}{2} = 607, m$(не целое).

3 случай. $3m = \frac{514}{2} = 257, m$(не целое).

4 случай. $3m = \frac{272}{2} = 136, m$(не целое).

5 случай. $3m = \frac{166}{2} = 83, m$(не целое).

6 случай. $3m = \frac{846}{2} = 423, m = 141, n = \frac{834}{2} = 417$

Тогда $t = \frac{93+417}{9}$, (не целое) или $t = \frac{93-417}{9} = -36$. Если $t = -36$,

$x = \frac{-3(-36-13)+141}{12}, x = \frac{147+141}{12} = 24, y = \frac{48-36-13}{2}$ (не целое).

$x = \frac{-3(-36-13)-141}{12} = \frac{147-141}{12}$ (не целое).

7 случай. $3m = \frac{432}{2} = 216, m = 72, n = \frac{408}{2} = 204$, тогда $t = \frac{93-204}{9}$ (не целое),

или $t = \frac{93+204}{9} = 33$. Если $t = 33, x = \frac{-3 \cdot 20 - 72}{12} = -11, y = \frac{-22+33-13}{12} = -1$.

Пара чисел (-11;-1) является решением. Или $x = \frac{-3 \cdot 20 + 72}{12} = 1, y = \frac{2+33-13}{2} = 11$.

Пара чисел (1;11) является решением.

8 случай. $3m = \frac{234}{2} = 117, n = 39. m = \frac{184}{2} = 93$, тогда $t = \frac{93-93}{9} = 0$,

$t = \frac{93+93}{9}$ (не целое). Если $t = 0, x = \frac{-3(-13)+93}{12} = \frac{39+93}{12} = \frac{132}{12} = 11$.

$y = \frac{22-13}{2}$ (не целое) или $x = \frac{39-93}{12} = -\frac{54}{12}$ (не целое).

9 случай. $3m = \frac{60+84}{2} = \frac{144}{2} = 72, m = 24, n = \frac{84-60}{2} = 12$.

Тогда $t = \frac{93-12}{9} = \frac{81}{9} = 9$ или $t = \frac{93+12}{9} = \frac{105}{9}$ (не целое).

Если $t = 9, x = \frac{-3(9-13)+24}{12} = \frac{12+24}{12} = 3, y = \frac{6+9-13}{2} = 1$.

Пара чисел (3;1) является решением.

Или $x = \frac{-3(9-13)-24}{12} = -1, y = \frac{-2+9-13}{2} = -3$.

Пара чисел (-1;-3) является решением.

10 случай. $3m = \frac{120+42}{2} = \frac{162}{2} = 81, m = 27, n = \frac{120-42}{2} = 39$.

Тогда $t = \frac{93+39}{2} = \frac{132}{2} = 66$, или $t = \frac{93-39}{2} = \frac{54}{2} = 27$.

Если $t = 66, x = \frac{-3(66-13)+27}{12} = -\frac{132}{12} = -11$,

$y = \frac{-22+66-13}{2}$ (не целое). Или $x = \frac{-154-27}{12} = \frac{181}{12}$ (не целое).

11 случай. $3m = \frac{168+30}{2} = \frac{198}{2} = 99, m = 33, n = \frac{130}{2} = 65$.

Тогда $t = \frac{93+65}{9} = \frac{158}{9}$ (не целое), или $t = \frac{93-65}{9} = \frac{28}{9}$ (не целое).

12 случай. $3m = \frac{90+56}{2} = \frac{146}{2} = 73, m -$ не целое.

13 случай. $3m = \frac{180+28}{2} = \frac{208}{2} = 104, m -$ не целое.

14 случай. $3m = \frac{360+14}{2} = \frac{374}{2} = 187, m -$ не целое.

15 случай. $3m = \frac{70+72}{2} = \frac{142}{2} = 71, m -$ не целое.

16 случай. $3m = \frac{140+36}{2} = \frac{176}{2} = 88, m -$ не целое.

17 случай. $3m = \frac{280+48}{2} = \frac{328}{2} = 164, m -$ не целое.

Ответ (-11;-1), (1;11), (3;1), (-1;-3).

Пример 14. Найдите все пары целых чисел x и y, при которых является верным равенство $-3xy - 10x + 13y + 35 = 0$.

Решение. Представим уравнение в следующем виде

$3xy = 13y - 10x + 35$. Обозначим xy через t и выразим x через t.

$xy = t.$ $\boxed{x = \dfrac{t}{y}}, y \neq 0.$

Подставим это выражение в правую часть уравнения.

Получаем: $13y - \dfrac{10t}{y} + 35 = 3t$,

или $13y^2 + 35y - 3ty - 10t = 0$ или $13y^2 + (35 - 3t)y - 10t = 0$.

Решим это уравнение $y = \dfrac{3t - 35 \pm \sqrt{(3t - 35)^2 + 520t}}{26} = \dfrac{3t - 35 \pm \sqrt{9t^2 + 310t + 1225}}{26}$.

Так как y — целое,

то выражение $9t^2 + 310t + 225$ должно быть точным квадратом.

Пусть $9t^2 + 310t + 1225 = m^2$, тогда $\boxed{y = \dfrac{3t - 35 \pm m}{26}}$.

Решим уравнение $9t^2 + 310t + 1225 - m^2 = 0$.

$t = \dfrac{-155 \pm \sqrt{1555^2 - 9 \cdot 1225 + 9m^2}}{9} = \dfrac{-155 \pm \sqrt{(3m)^2 + 13000}}{9}$, так как t —

целое, то выражение $(3m)^2 + 13000$ должно быть точным квадратом.

Пусть $(3m)^2 + 13000 = n^2$, тогда $\boxed{t = \dfrac{-155 \pm n}{9}}$. Представим 13000 в виде произведения двух чисел одинаковой четности. Это $2 \cdot 6500; 4 \cdot 3250; 130 \cdot 100; 1300 \cdot 10; 260 \cdot 50; 650 \cdot 20; 500 \cdot 26$.

1 случай. $n = \dfrac{6500 + 2}{2} = \dfrac{6502}{2} = 3251, 3m = \dfrac{6498}{2} = 3249, m = 1083.$

Тогда $t = \dfrac{-155 - 3251}{9}$ (не целое) и $t = \dfrac{-155 + 3249}{9} = 344$. Если $t = 344$,

$y = \dfrac{3 \cdot 344 - 35 + 1083}{26} = 80,$ $x = \dfrac{344}{80}$ (не целое) или $y = \dfrac{3 \cdot 344 - 35 - 1083}{26}$ (не целое).

2 случай. $n = \dfrac{3254}{2} = 1627, 3m = \dfrac{3246}{2} = 1623$ь $= 541.$

Тогда $t = \dfrac{-155 + 1627}{9}$ (не целое) или $t = \dfrac{-155 - 1627}{9} = -\dfrac{1782}{9} = -199.$

Если $t = -199, y = \dfrac{3(-199) - 35 - 541}{26}$ (не целое)

или $y = \dfrac{3(-199) - 35 + 541}{26}$ (не целое).

3 случай. $n = \dfrac{230}{2} = 115, 3m = \dfrac{30}{2} = 15, m = 5,$

тогда $t = \dfrac{-155 - 115}{9} = -30$ или $t = \dfrac{-155 + 115}{9}$ (не целое). Если $t = -30, y =$

$\dfrac{-90 - 35 - 5}{26} = -\dfrac{50}{26}$ (не целое), или $y = \dfrac{-90 - 40}{26} = -\dfrac{130}{26} = -5, x = \dfrac{-30}{-5} = 6.$

Пара чисел (-5;6) является решением.

4 случай. $n = \frac{1310}{2} = 655, 3m = \frac{1290}{2} 645, m = 215.$

Тогда $t = \frac{-155+645}{9} = \frac{490}{9}$ (не целое), или $t = \frac{-155-645}{9} = -\frac{800}{9}$ (не целое).

5 случай. $n = \frac{310}{2} = 155, 3m = \frac{210}{2} = 105, m = 35.$ Тогда $t = \frac{-155+155}{9} = 0,$

или $t = \frac{-155-155}{9} = \frac{-310}{9}$ (не целое). Если $t = 0, y = \frac{3 \cdot 0 - 35 + 35}{26} = 0,$

$x = \frac{0}{0}$ (нет решений).

6 случай. $n = \frac{670}{2} = 355, 3m = 315, m = 105.$ Тогда $t = \frac{-155+335}{9} = 20,$ или

$t = \frac{-155-335}{9} = \frac{-490}{9}$ (не целое). Если $t = 20, y = \frac{3 \cdot 20 - 35 - 105}{26} = -\frac{80}{26}$ (не целое)

или $y = \frac{60-35+105}{26} = \frac{130}{26} = 5, x = \frac{20}{5} = 4.$ Пара чисел (4;5) является решением.

7 случай. $n = \frac{526}{2} = 263, 3m = \frac{474}{2} = 237, m = 79.$ Тогда $t = \frac{-155+263}{9} = 12,$

или $t = \frac{-155-263}{9} = -\frac{438}{9}$ (не целое). Если $t = 12, y = \frac{36-35+79}{26} = \frac{80}{26}$ (не целое),

или $y = \frac{36-35-79}{26} = -3,$

$x = \frac{12}{-3} = -4.$ Пара чисел $(-4; -3)$ является решением.

Ответ: (-4;-3), (4;5), (6;-5).

Пример 15. Решите в целых числах уравнение $2xy - 8y + x - 9 = 0$

Решение. Представим уравнение в следующем виде: $2xy = 8y - x + 9$

Обозначим $8y - x + 9 = t$ выразим x через t, $\boxed{x = 8y + 9 - t}$. Подставив это выражение в уравнение получаем $2(8y+(9-t))y = t.$

Отсюда имеем $16y^2 + 2(9 - t)y - t = 0.$

Решим это уравнение как квадратное относительно y.

$y = \frac{t-9 \pm \sqrt{t^2-2t+81}}{16}$, так как y – целое то выражение $t^2 - 2t + 81$должно быть точным квадратом. Пусть $t^2 - 2t + 81 = m^2$. Тогда $\boxed{y = \frac{t-9 \pm m}{16}}.$

Решим уравнение $t^2 - 2t + 81 - m^2 = 0,$

$t = 1 \pm \sqrt{1^2 - 81 + m^2} = 1 \pm \sqrt{m^2 - 80}$, так как t – целое, то $m^2 - 80 = n^2$,

или $m^2 - n^2 = 80$, тогда $\boxed{t = 1 \pm n}$. Представим 80 в виде произведения двух множителей одинаковой четности. Это; $40 \cdot 2; 20 \cdot 4; 8 \cdot 10.$

1 случай. $m = \frac{42}{2} = 21, n = \frac{38}{2} 19,$ тогда $t = 1 + 19 = 20,$

$t = 1 - 19 = -18.$ Если $t = 20, y = \frac{20-9+21}{16}$ (не целое),

или $y = \frac{20-9-21}{16}$ (не целое).

Если $t = -18, y = \frac{-18-9+21}{16}$ (не целое), или $y = \frac{-18-9-21}{16} = -\frac{48}{16} = -3$.

Тогда $x = 8(-3) + 9 + 18 = -24 + 27 = 3$. Пара чисел (3;-3) является решением.

2 случай. $m = \frac{24}{2} = 12, n = \frac{16}{2} = 8$, тогда $t = 1 + 8 = 9$, или $t = -7$.

Если $t = 9, y = \frac{9-9+12}{16}$ (не целое), или $y = \frac{9-9-12}{16}$ (не целое).

Если $t = -7, y = \frac{-7-9-12}{16}$ (не целое), или $y = \frac{-7+9+12}{16}$ (не целое).

3 случай. $m = 9, n = 1$, тогда $t = 2, t = 0$. Если $t = 2, y = \frac{-2-9-9}{16} = -1$

$x = -8 + 9 - 2 = -1$, Пара чисел $(-1; -1)$ является решением.

Если $t = 0, y = \frac{0-9-9}{16}$ (не целое), или $y = \frac{0-9+9}{16} = 0, x = 8 \cdot 0 + 9 - 0 = 9$.

Пара чисел (9;0) является решением.

Ответ: (3;-3), (-1;-1), (9;0).

Пример 16. Решите в целых числах уравнение $xy = 11(x + y)$.

Решение. Обозначим $x + y$ через t и выразим y через t. $x + y = t$,

$\boxed{y = t - x}$.Подставим $y = t - x$ в правую часть нашего уравнения:

$x(t - x) = 11t$ или $x^2 - tx + 11t = 0$. Решим это уравнение как квадратное

$x = \frac{t \pm \sqrt{t^2 - 44t}}{2}$.

Так какx — целое, то выражение $t^2 - 44t$ должно быть точным квадратом.

Пусть $t^2 - 44t = m^2$, тогда $\boxed{x = \frac{t \pm m}{2}}$. Решим уравнение $t^2 - 44t - m^2 = 0$,

$t = 22 \pm \sqrt{484 + m^2}$. Так как t — целое, то выражение

$484 + m^2$ должно быть точным квадратом.

Пусть $m^2 + 484 = n^2$, тогда $\boxed{t = 22 \pm n}$, $n^2 - m^2 = 484$. Представим 484 в виде произведения двух множителей одинаковой четности. Это: $242 \cdot 2; 22 \cdot 22$

1 случай. $n = \frac{244}{2} = 122, m = \frac{240}{2} = 120$, тогда $t = 22 - 122 = -100$ или

$t = 22 + 122 = 144$. Если $t = -100, x = \frac{-100+120}{2} = 10$,

$y = -100 - 10 = -110$, или $x = \frac{-100-120}{2} = -\frac{220}{2} = -110$,

$y = -100 + 110 = 10$.

Пары чисел (10;-110), (-110;10) является решением.

Если $t = 144, x = \frac{144+120}{2} = \frac{264}{2} = 132, y = 144 - 132 = 12$,

или $x = \frac{144-120}{2} = \frac{24}{2} = 12$,

$y = 144 - 12 = 132$. Пары чисел (12;132), (132;12) является решением.

2 случай. $n = \frac{22+22}{2} = 22, m = \frac{22-22}{2} = 0$. Тогда $t = 22 + 22 = 44$,

$t = 22 - 22 = 0$.

23

Если $t = 44, x = \frac{44 \pm 0}{2} = 22, y = 44 - 22 = 22$. Если $t = 0, x = \frac{0}{2} = 0$,

$y = 0 - 0 = 0$.

Пары чисел (0;0), (22;22) является решением.

Ответ: (0;0), (12;132), (132;12), (10;-110), (-110;10), (22;22).

Пример 17. Решите в целых числах уравнение $xy = 13(x + y)$

Решение. Обозначим $x + y$ через t и выразим y через t. $x + y = t$,

$\boxed{y = t - x}$.Подставим это выражение в левую часть данного уравнения и получим

$x(t - x) = 13t; -x^2 + tx - 13t = 0$ или $x^2 + tx - 13t = 0$. Решим это

уравнение $x = \frac{t \pm \sqrt{t^2 - 52t}}{2}$, так как x − целое,

то выражение$t^2 - 52t$ должно быть точным квадратом.

Пусть $t^2 - 52t = m^2$, тогда $\boxed{x = \frac{t \pm m}{2}}$. Решим уравнение $t^2 - 52t - m^2 = 0$,

$t = 26 \pm \sqrt{676 + m^2}$, так как t − целое, то выражение

$m^2 + 676$ должно быть точным квадратом.Пусть $m^2 + 676 = n^2$

или $n^2 - m^2 = 676$, тогда $\boxed{t = 26 \pm n}$. Представим 676 в виде произведения двух множителей одинаковой четности. Это: $26 \cdot 26; 2 \cdot 338$

1 случай. $n = \frac{26 + 26}{2} = 26, m = \frac{26 - 26}{2} = 0$, тогда $t = 26 + 26 = 52$

или $t = 26 - 26 = 0$, если $t = 52, x = \frac{52 + 0}{2} = 26, y = 52 - 26 = 26$.

Пара чисел (26; 26) является решением.

Если $t = 0, x = \frac{0}{2} = 0, y = 0 - 0 = 0$. Пара чисел (0;0) является решением.

2 случай. $n = \frac{340}{2} = 170, m = \frac{336}{2} = 168$, тогда $t = 26 + 170 = 196$

или $t = 26 - 170 = -144$, Если $t = 196, x = \frac{196 + 168}{2} = \frac{363}{2} = 182$,

$y = 196 - 182 = 14$ или , $x = \frac{196 - 168}{2} = \frac{28}{2} = 14, y = 196 - 14 = 182$

Пара чисел (14; 182), (182; 14) является решением.

Если $t = -144, x = \frac{-144 + 168}{2} = 12, y = -144 - 12 = -156$,

или $x = \frac{-144 - 168}{2} = \frac{-312}{2} = -156, y = -144 + 156 = 12$.

Пара чисел (12;-156) и (-156;12) является решением.

Ответ: (0;0), (26;26), (14;182), (182;14), (-156;12), (12;-156).

Пример 18. Решите в целых числах уравнение $xy = 17(x + y)$

Решение. Обозначим $x + y$ через t и выразим y через t. $x + y = t$,

$\boxed{y = t - x}$. Подставим это выражение в левую часть данного уравнения и получим $x(t - x) = 17t$; $-x^2 - tx + 17t = 0$.

Решим это уравнение $x = \frac{t \pm \sqrt{t^2 - 68t}}{2}$, так как x — целое, то выражение $t^2 - 68t$ должно быть точным квадратом.

Пусть $t^2 - 68t = m^2$, тогда $\boxed{x = \frac{t \pm m}{2}}$. Решим уравнение $t^2 - 68t - m^2 = 0$,

$t = 34 \pm \sqrt{1156 + m^2}$, так как t — целое, то выражение $m^2 + 1156$ должно быть точным квадратом. Пусть $m^2 + 1156 = n^2$ или $n^2 - m^2 = 1156$, тогда $\boxed{t = 34 \pm n}$. Представим 1156 в виде произведения двух множителей одинаковой четности. Это: $2 \cdot 578$; $34 \cdot 34$.

1 случай. $n = \frac{580}{2} = 290, m = \frac{576}{2} = 288$, тогда $t = 34 + 290 = 324$ или

$t = 34 - 290 = -256$, если $t = 324$, $x = \frac{324 + 288}{2} = \frac{612}{2} = 306$,

$y = 324 - 306 = 18$ или $x = \frac{324 - 288}{2} = \frac{36}{2} = 18, y = 324 - 18 = 306$.

Пары чисел $(18; 306), (306; 18)$ являются решением.

Если $t = -256, x = \frac{-256 + 288}{2} = \frac{32}{2} = 16, y = -256 - 16 = -272$ или

$x = \frac{-256 - 288}{2} = -\frac{544}{2} = -272, y = -256 + 272 = 16$.

Пары чисел $(16; -272), (-272; 16)$ являются решением.

2 случай. $n = \frac{34 + 34}{2} = 34, m = \frac{34 - 34}{2} = 0$, тогда $t = 34 \pm 34, t = 68,$

или $t = 0$. Если $t = 68, x = \frac{68}{2} = 34,$

$y = 68 - 34 = 34$. Пара чисел $(34; 34)$ является решением.

Если $t = 0, x = \frac{0}{2} = 0, y = 0 - 0 = 0$. Пара чисел $(0; 0)$ является решением.

Ответ: (0;0), (34;34),(16;-272), (-272;16), (18;306), (306;18).

Раздел II

Решение диофантовых уравнений второй степени.

Пример 1. Решите уравнение $x^2 + xy - y = 2$ в целых числах.

Решение. Решим уравнение $x^2 + xy - y - 2 = 0$ как квадратное

$$x = \frac{-y \pm \sqrt{y^2 + 4y + 8}}{2},$$ так как x – целое, то выражение $y^2 + 4y + 8$

должно быть точным квадратом. Пусть $y^2 + 4y + 8 = m^2$, тогда $\boxed{x = \frac{-7 \pm m}{2}}$.

Решим уравнение $y^2 + 4y + 8 - m^2 = 0$.

$y = -2 \pm \sqrt{4 - 8 + m^2} = -2 \pm \sqrt{m^2 - 4}$.

Так как y – целое, то выражение $m^2 - 4$ должно быть точным квадратом.

Пусть $m^2 - 4 = n^2; m^2 - n^2 = 4$. Тогда $\boxed{y = -2 \pm n}$. Представим 4 в виде произведения двух множителей одинаковой четности. Это: $2 \cdot 2; -2(-2)$. Рассмотрим первый случай и вычислим m и n.

$m = \frac{2+2}{2} = 2, n = \frac{2-2}{2} = 0$. Тогда $y = -2, x = \frac{2 \pm 2}{2}; x = 2, x = 0$.

Пары чисел (0;-2), (2;-2) являются решением.

Рассмотрим второй случай. $m = \frac{-2-2}{2} = -2, n = 0$. Получаем те же результаты.

Ответ: (0;-2), (2;-2).

Пример 2. Решите уравнение $2x^2 + xy - y^2 - 7x - 4y = 1$ в целых числах.

Решение. Представим данное уравнение в виде квадратного трехчлена

$2x^2 + xy - y^2 - 7x - 4y - 1 = 2x^2 + (y - 7)x - y^2 - 4y - 1 = 0$. Решим полученное уравнение как квадратное

$x = \frac{7 - y \pm \sqrt{49 - 14y + y^2 + 8y^2 + 32y + 8}}{2} = \frac{7 - y \pm \sqrt{9y^2 + 18y + 57}}{2};$

Так как x – целое, то выражение $9y^2 + 18y + 57$ должно быть точным квадратом.

Пусть $9y^2 + 18y + 57 = m^2$, тогда $\boxed{x = \frac{7 - y \pm m}{2}}$.

Решим уравнение $9y^2 + 18y + 57 - m^2 = 0$.

$y = \frac{-9 \pm \sqrt{81 - 513 + 9m^2}}{9} = \frac{-9 \pm \sqrt{9m^2 - 432}}{9} = \frac{-9 \pm 3\sqrt{m^2 - 48}}{9}$. Так как y – целое, то выражение $m^2 - 48$ должно быть точным квадратом.

Пусть $m^2 - 48 = n^2$; Тогда $y = \frac{-9 \pm 3n}{9} = \boxed{\frac{-3 \pm n}{3}}$. Представим 48 в виде произведения двух множителей одинаковой четности.

Это: $2 \cdot 24; (4 \cdot 12); (8 \cdot 6); -2(-24); -4(-12); -8(-6)$.

Рассмотрим каждый случай и вычислим m и n.

1. $m = \frac{24+2}{2} = 13, n = \frac{24-2}{2} = 11$. Тогда $y = \frac{-3 \pm 11}{3}$ (не целое).

2. $m = \frac{12+4}{2} = 8, n = \frac{12-4}{2} = 4$; Тогда $y = \frac{-3+4}{3}; y$ – не целое.

3. $m = \frac{8+6}{2} = 7, n = \frac{8-2}{2} = 1$; Тогда $y = \frac{-3\pm1}{3}$; y — не целое.

Остальные случаи дают те же результаты.

Ответ: *уравнение корней не имеет.*

Пример 3. Решите в целых числах уравнение $x^2 + xy + y^2 = x^2 y^2$

Решение. Представим уравнение в следующем виде

$x^2 + xy + y^2 - x^2 y^2 = (1 - y^2)x^2 + yx + y^2 = 0$.

Решим это уравнение как квадратное относительно x.

$x = \frac{-y \pm \sqrt{y^2 - 4y^2(1-y^2)}}{2(1-y^2)} = \frac{-y \pm \sqrt{4y^4 - 3y^2}}{2 - 2y^2}$; Так как x-целое, то выражение $4y^4 - 3y^2$

должно быть точным квадратом. . Пусть $4y^4 - 3y^2 = m^2$.Тогда $\boxed{x = \frac{-y \pm m}{2 - 2y^2}}$.

Решим уравнение $4y^4 - 3y^2 - m^2 = 0$. Пусть $y^2 = a$,

тогда $4a^2 - 3a - m^2 = 0$.

$a = \frac{3 \pm \sqrt{9 + 16m^2}}{8}$. Так как a-целое, то $9 + 16m^2$ должно быть точным квадратом.

Пусть $9 + 16m^2 = n^2$.Тогда $\boxed{a = \frac{3+n}{8}}$; $n^2 - (4m)^2 = 9$. Представим 9 в виде

произведения двух множителей одинаковой четности.

Это: $9 \cdot 1; 3 \cdot 3; -9(-1); -3(-3)$.

Рассмотрим все случаи и вычислим m и n.

1). $n = \frac{9+1}{2} = 5; 4m = \frac{9-1}{2} = 4; m = 1$. $a = \frac{3 \pm 5}{8}; a = 1$, то есть $y^2 = 1$,

$y = 1, y = -1$.   Тогда $x = \frac{1+1}{2-2}$ (решений нет)., $x = \frac{-1-1}{2-2}$ (решений нет —

не опред.)

2). $n = \frac{3+3}{2} = 3; 4m = \frac{3-3}{2} = 0; m = 0$. $a = \frac{0}{8} = 0$; то есть $y = 0$.

Тогда $x = \frac{0+0}{2-0} = 0$. Пара   чисел   (0;0)   является   решением.   Случаи   с

отрицательными множителями дают те же результаты. В первом случае мы

получили $y = 1, y = -1$. Подставив это в первоначальное уравнение, получим

$x + 1 = 0; x = -1$.

Итак, пары чисел (-1;1); (1;-1) являются решением.

Ответ; (0;0); (-1;1); (1;-1).

Пример 4. Решить в целых числах уравнение $x^2 = y^2 + 2y + 8$

Решение. Решим это уравнение как квадратное относительно y.

Имеем $y^2 + 2y + 8 - x^2 = 0, y = -1 \pm \sqrt{1 + x^2 - 8}; y = -1 \pm \sqrt{x^2 - 7}$; Так как

y-целое, то выражение $x^2 - 7$ должно быть точным квадратом.

Пусть $x^2 - 7 = m^2$, или $x^2 - m^2 = 7$. Тогда $\boxed{y = -1 \pm m}$. Представим 7 в виде произведения двух множителей одинаковой четности. Это: $7 \cdot 1$; тогда $x = \frac{7+1}{2} = 4$; $m = \frac{7-1}{2} = 3$. Если $m = 3$, $y = -1 - 3 = -4$; или $y = -1 + 3 = 2$.

Пары чисел (4;2), (4;-4) являются решением. Так как x- принимает значение -4, то пары чисел (-4;2) и (-4;-4) также являются решением данного уравнения.

Ответ; (4;2), (4;-4), (-4;2), (-4;-4).

Пример 5. Решить в целых числах уравнение $x^2 - 3xy + 2y^2 = 3$

Решение. Решим это уравнение как квадратное относительно x.

$x = \frac{3y \pm \sqrt{y^2 + 12}}{2}$. Так как x-целое, то выражение $y^2 + 12$ должно быть точным квадратом. . Пусть $y^2 + 12 = m^2$, или $m^2 - y^2 = 12$. Тогда $\boxed{x = \frac{3y \pm m}{2}}$.

Представим 12 в виде произведения двух множителей одинаковой четности. Это: $\pm 6 (\pm 2)$; тогда $m = \frac{6+2}{2} = 4$; $y = \frac{6-2}{2} = 2$; $x = \frac{3 \cdot 2 - 4}{2} = 1$; или $x = \frac{3 \cdot 2 + 4}{2} = 5$. Пары чисел (1;2), (5;2) являются решением.

Рассмотрим второй случай: $m = \frac{-6-2}{2} = -4$, или $y = \frac{-6+2}{2} = -2$, $x = \frac{3(-2)-4}{2} = 5$; $x = \frac{3(-2)+4}{2} = -1$.

Пары чисел (-5;-2) и (-1;-2) являются решением.

Ответ; (5;2), (1;2), (-5;-2), (-1;-2).

Пример 6. Решить в целых числах уравнение $x^2 - 4xy - 5y^2 = 7$

Решение. Имеем $x^2 - 4xy - 5y^2 - 7 = 0$. Решим это уравнение как квадратное относительно x. $x = 2y \pm \sqrt{4y^2 + 5y^2 + 7} = 2y \pm \sqrt{9y^2 + 7}$. Так как x-целое, то выражение $9y^2 + 7$ должно быть точным квадратом.

Пусть $9y^2 + 7 = m^2$. Тогда $\boxed{x = 2y \pm m}$. Имеем $m^2 - (3y)^2 = 7$ Представим 7 в виде произведения двух множителей одинаковой четности. Это: $7 \cdot 1$; $-7(-1)$; 1 случай. $m = \frac{7+1}{2} = 4$; $3y = \frac{7-1}{2} = 3$; $y = 1$. Тогда $x = 2 \cdot 1 + 4 = 6$; или $x = 2 - 4 = -2$. Пары чисел (6;1), (-2;1) являются решением.

Рассмотрим второй случай: $m = \frac{-7-1}{2} = -4$, или $3y = \frac{-7+1}{2} = -3$; $y = -1$, $x = 2(-1) + 4 = 2$; $x = 2(-1) - 4 = -6$.

Пары чисел (2;-1) и (-6;-1) являются решением.

Ответ; (2;-1), (-6;-1), (6;1), (-2;1).

Пример 7. Решить в целых числах уравнение $2x^2 + xy - 6y^2 + 3 = 0$

Решение. Решим это уравнение как квадратное относительно x.

$x = \frac{-y \pm \sqrt{49y^2 - 24}}{4}$; Так как x-целое, то выражение $49y^2 - 24$ должно быть точным квадратом. Пусть $49y^2 - 24 = m^2$. Тогда $\boxed{x = \frac{-y \pm m}{4}}$.

Далее $(7y)^2 - m^2 = 24$ Представим 24 в виде произведения двух множителей одинаковой четности. Это: $6 \cdot 4$; $-6(-4)$; $12 \cdot 2$; $-12(-2)$.

1 случай. $7y = \frac{6+4}{2} = 5$; y — не целое.

2 случай. $7y = \frac{-6-4}{2} = -5$; y — не целое.

3 случай. $7y = \frac{12+2}{2} = 7$; $y = 1$.

Тогда $m = \frac{12-2}{2} = 5$; $x = \frac{-1-5}{4} = \frac{-3}{2}$ (не целое) или $x = \frac{-1+5}{4} = 1$.

Пара чисел $(1;1)$ является решением.

4 случай: $7y = \frac{-12-2}{2} = -7$; $y = -1$, $m = \frac{-12+2}{2} = -5$;

$x = \frac{1+5}{4}$ (не целое) или $x = \frac{1-5}{4} = -1$. Пара чисел $(-1;-1)$ является решением.

Ответ; (-1;-1), (1;1).

Пример 8. Решить в целых числах уравнение $x^2 - xy + y^2 = 1$

Решение. Решим это уравнение как квадратное относительно x.

$x = \frac{y \pm \sqrt{y^2 - 4y^2 + 4}}{2}$; $x = \frac{y \pm \sqrt{-3y^2 + 4}}{2}$. Так как x-целое, то выражение $-3y^2 + 4$ должно быть точным квадратом.

Так как $-3y^2 + 4 = 0$, то это возможно при $y = \pm 1$ и $y = 0$. Если $y = -1$,

$x = \frac{-1-1}{2} = -1$ или $x = \frac{-1+1}{2} = 0$.

Пары чисел $(0;-1)$, $(-1;-1)$, являются решением.

Если $y = 1$, $x = \frac{1+1}{2}$; $x = 0$; $x = 1$. Пары чисел $(0;1)$, $(1;1)$, являются решением.

Если $y = 0$,

$x = \pm \frac{2}{2} = \pm 1$, то есть $x = 1$; $x = -1$. Пары чисел $(1;0)$, $(-1;0)$, являются решением.

Ответ: (0;-1), (-1;-1), (0;1), (1;1), (1;0), (-1;0).

Пример 9. Решить в целых числах уравнение $7x^2 + 12xy - 4y^2 = 21$

Решение. Перепишем уравнение в следующем виде

$7x^2 + 12xy - 4y^2 - 21 = 0$. Решим это уравнение как квадратное относительно

x. $x = \frac{-6y \pm \sqrt{64y^2 + 147}}{7}$; Так как x-целое, то выражение $64y^2 + 147$ должно быть точным квадратом. Пусть $64y^2 + 147 = m^2$. Тогда $\boxed{x = \frac{-6y \pm m}{7}}$.

Далее $m^2 - (8y)^2 = 147$ Представим 147 в виде произведения двух множителей одинаковой четности.

Это: $3 \cdot 49$; $7 \cdot 21$; $147 \cdot 1$; $-49(-3)$; $-21(-7)$; $-147(-1)$. Найдем m и y.

1 случай. $m = \frac{49+3}{2} = 26$; $8y = \frac{49-3}{2} = 23$; $y = \frac{23}{8}$ (не целое).

2 случай. $m = \frac{21+7}{2} = 14$; $8y = \frac{21-7}{2} = 7$; $y = \frac{7}{8}$ (не целое).

3 случай. $m = \frac{147+1}{2} = 74$; $8y = \frac{147-1}{2} = 73$; y — не целое.

Случаи с отрицательными множителями будут давать те же результаты, только с отрицательными знаками.

Ответ; *решений нет.*

Пример 10. Решите в целых числах уравнение

$x^2 - 4xy - 5y^2 + 2x - 8y + 5 = 0$

Решение. Решим это уравнение как квадратное относительно x.

Представим уравнение в следующем виде $x^2 - (4y - 2)x + 5y^2 - 8y + 5 = 0$.

$x = 2y - 1 \pm \sqrt{4y^2 - 8y + 1 - 5y^2 + 8y - 5} = 2y - 1 \pm \sqrt{-y^2 + 4y - 4} =$
$= 2y - 1 \pm \sqrt{-(y-2)^2}$, так как x-целое, то выражение $-(y-2)^2 = 0$.

Это возможно, если $y = 2$; тогда $x = 2 \cdot 2 - 1 = 3$.

Ответ: (3;2).

Пример 11. Решите в целых числах уравнение

$x^2 - 2xy + 2y^2 + 4x - 2y + 5 = 0$

Решение. Представим уравнение в следующем виде;

$x^2 - (2y - 4)x + 2y^2 - 2y + 5 = 0$. Решим это уравнение как квадратное относительно x.

$x = y - 2 \pm \sqrt{y^2 - 4y + 4 - 2y^2 + 2y - 5} = y - 2 \pm \sqrt{-y^2 - 2y - 1}$.

Так как x-целое,

то выражение $-y^2 - 2y - 1$ должно быть точным квадратом.

Пусть $-y^2 - 2y - 1 = m^2$. Тогда $x = y - 2 \pm m$.

Решим уравнение; $-y^2 - 2y - 1 - m^2 = 0$, или $y^2 + 2y + 1 + m^2 = 0$.

$y = -1 \pm \sqrt{-m^2}$. Так как; $-m^2 \geq 0$, $m = 0$. Отсюда $y = -1$; $x = -1 - 2 = -3$.

Ответ: (-3;-1).

Пример 12. Решите в целых числах уравнение $x^2 + xy + y^2 - 2x + 2y + 4 = 0$

Решение. Представим уравнение в следующем виде;

$x^2 + xy + y^2 - 2x + 2y + 4 = 0$

Решим это уравнение как квадратное относительно x.

$x = 2 - y \pm \sqrt{\frac{-3y^2 - 12y - 12}{2}}$.

Так как x-целое,

31

то выражение $-3y^2 - 12y - 12$ должно быть точным квадратом.

Пусть $-3y^2 - 12y - 12 = m^2$. Тогда $x = \frac{2-y \pm m}{2}$. Решим уравнение;

$-3y^2 + 12y + m^2 + 12 = 0$, $y = \frac{-6 \pm \sqrt{36 - 3m^2 - 36}}{3} = \frac{-6 \pm \sqrt{-3m^2}}{3}$.

Так как; $-3m^2 \geq 0, m = 0$. Тогда $y = \frac{-6+0}{3} = -2; x = \frac{2+2}{2} = 2$.

Ответ: (2;-2).

Пример 13. Решите в целых числах уравнение

$x^2 + 2xy + y^2 - 4x + 2y + 4 = 0$

Решение. Представим уравнение в следующем виде;

$x^2 + (2y - 4)x + y^2 + 2y + 4 = 0$.

Решим это уравнение как квадратное относительно x.

$x = -(y - 2) \pm \sqrt{y^2 - 4y + 4 - y^2 - 2y - 4} = -(y-2) \pm \sqrt{6y}$. Так как x-целое, то $6y$ должно быть точным квадратом. Пусть $6y = m^2$.

Тогда y$= \frac{m^2}{-6}$. Отсюда $m = (6r)^2$; $y = \frac{(6r)^2}{-6} = -6r^2$;

$x = -(-6r^2 - 2) \pm 6r = (6r)^2 \pm 6r + 2$.

Итак: $x = (6r)^2 \pm 6r + 2; y = -6r^2$ являются решениями.

Ответ: *уравнение имеет бесконечное множество решений.*

Пример 14. Решите в целых числах уравнение$2x^2 - 6xy + y^2 + 3y = 21$

Решение. Решим это уравнение как квадратное относительно x.

$x = \frac{3y \pm \sqrt{9y^2 - 2y^2 - 6y + 42}}{2} = \frac{3y \pm \sqrt{7y^2 - 6y + 42}}{2}$. Так как x-целое, то выражение

$7y^2 - 6y + 42$ должно быть точным квадратом.Пусть $7y^2 - 6y + 42 = m^2$.

Тогда $x = \frac{3y \pm m}{2}$. Решим уравнение $7y^2 - 6y + 42 - m^2 = 0$.

$y = \frac{3 \pm \sqrt{9 - 294 + 7m^2}}{7} = \frac{3 \pm \sqrt{7m^2 - 285}}{7}$;

Так как 7 не является точным квадратом, то уравнение не имеет решения.

Ответ: *решений нет.*

Пример 15. Найти все пары *(x;y)* целых чисел для которых

$(3x + 3y)^2 + (x - y)^2 = 5$

Решение. $(3x + 3y)^2 + (x - y)^2 = 9x^2 + 12xy + 4y^2 + x^2 - 2xy + y^2 = 10x^2 + 1xy + 5y^2 = 5$,

или $2x^2 + 2xy + y^2 - 1 = 0$. Решим полученное уравнение относительно x.

$x = \frac{-y \pm \sqrt{y^2 - 2y^2 + 2}}{2} = \frac{-y \pm \sqrt{-y^2 + 2}}{2}$; Так как x-целое, то выражение

$-y^2 + 2$ должно быть точным квадратом.Пусть $-y^2 + 2 = m^2$.   Или

$m^2 + y^2 = 2$. Тогда $x = \frac{-y \pm m}{2}$. Возможны случаи $m = \pm 1; y = \pm 1$.

Если $y = -1, x = \frac{1\pm1}{2}; x = \frac{1+1}{2} = 1; x = \frac{1-1}{2} = 0.$

Пары чисел $x = 1; y = -1;$

$x = 0; y = -1$ являются решениями.

Если $y = 1, x = \frac{-1\pm1}{2}; x = \frac{-1+1}{2} = 0; x = \frac{-1-1}{2} = -1.$

Пары чисел $x = -1; y = 1; x = 0;$

$y = 1$ являются решениями.

Ответ: (1;-1); (0;-1); (-1;1); (0;1).

Пример 16. Найти все пары *(x;y)* натуральных чисел *(x;y)* для которых

$(3x - 2y)^2 + (2x - 3y)^2 = 6$

Решение. $(3x - 2y)^2 + (2x - 3y)^2 = 9x^2 - 12xy + 4y^2 + 4x^2 - 8xy + 4y^2 =$

$13x^2 - 20xy + 8y^2 = 6.$

Решим уравнение

$13x^2 - 20xy + 8y^2 - 6 = 0$ как квадратное относительно x.

$x = \frac{10y \pm \sqrt{100y^2 - 104y^2 + 78}}{13} = \frac{107 \pm \sqrt{-4y^2 + 78}}{13}.$ Так как x-целое, то выражение

$-4y^2 + 78$ должно быть точным квадратом.Пусть $-4y^2 + 78 = m^2.$

Или $m^2 + (2y)^2 = 78.$

Тогда $x = \frac{10y \pm m}{13}; 2y$ принимает значения $0; 4; 16; 36; 64;$

m^2 принимает значения $78; 74; 62; 42; 14$ —среди этих чисел нет точных квадратов.

Поэтому уравнение решений не имеет.

Ответ: *решений нет.*

Пример 17. Решите в целых числах уравнение$x^2 = y^2 + 2y + 8$

Решим данное уравнение «методом точных квадратов». Это уравнение квадратное относительно y. $y = -1 \pm \sqrt{1 + x^2 - 8}; y = -1 \pm \sqrt{x^2 - 7}.$ Так как y-целое, то выражение

$x^2 - 7$ должно быть точным квадратом.Пусть $x^2 - 7 = m^2.$Тогда

$y = -1 \pm m; \quad x^2 - m^2 = 7.$ Представим 7 в виде произведения двух множителей. Это: $7 \cdot 1;$

тогда $x = \frac{7+1}{2} = 4; m = \frac{7-1}{2} = 3;$ если $m = 3, y = -1 \pm 3;$

Отсюда $y = -1 + 3 = 2;$

$y = -1 - 3 = -4.$ Итак, имеем $x = 4; y = 2 -$ одна пара, $x = 4;$

$y = -4 -$ вторая пара. Так как x принимает значение$(-4),$

то пары $x = -4; y = 2; x = -4; y = -4$ также являются решениями данного уравнения.

Ответ: (4;2), (4;-4); (-4;2); (-4;-4).

Пример 18. Решить в целых числах уравнение$x^2 - 3xy + 2y^2 = 3$

Решение. Решим это уравнение как квадратное относительно x.

Имеем $x = \frac{3y \pm \sqrt{9y^2 - 8y^2 + 12}}{2} = \frac{3y \pm \sqrt{y^2 + 12}}{2}$ Так какx-целое, то выражение $y^2 + 12$ должно быть точным квадратом.Пусть $y^2 + 12 = m^2; m^2 - y^2 = 12$. Тогда $x = \frac{3y \pm m}{2}$. Представим 12 в виде произведения двух множителей одинаковой четности. Это: $\pm 6(\pm 2)$; Тогда имеем $m = \frac{6+2}{2} = 4$. $y = \frac{6-2}{2} = 2$. если $m = 4, x = \frac{3 \cdot 2 + 4}{2}$, то есть $x = 5$;

$x = 1$. Если $12 = -6(-2); m = \frac{-6+(-2)}{2} = -4, y = \frac{-6+2}{2} = -2$;

$x = \frac{3(-2)+4}{2} = -1$ или $x = \frac{3(-2)-4}{2} = -5$.

Ответ: (5;2), (1;2), (-5;-2), (-1;-2).

Пример 19. Решить в целых числах уравнение$x^2 - 4xy - 5y^2 = 7$

Решение. $x^2 - 4xy - 5y^2 - 7 = 0$. Решим это уравнение как квадратное относительно x.

$x = 2y \pm \sqrt{4y^2 + 5y^2 + 7} = 2y \pm \sqrt{9y^2 + 7}$ Так какx-целое, то выражение $9y^2 + 7$ должно быть точным квадратом. Пусть $9y^2 + 7 = m^2$;.

Тогда $x = 2y \pm m$. Представим 7 в виде произведения двух множителей одинаковой четности. Это: $7 \cdot 1; -7(-1)$. Найдем m и y.

1) $m = \frac{7+1}{2} = 4; 3y = \frac{7-1}{2} = 3, y = 1$; тогда $x = 2 \cdot 1 \pm 4, x = 6; x = -2$.

Пары чисел $x = 6; y = 1;$ и $x = -2; y = 1$ являются корнями данного уравнения.

2) $m = \frac{-7-1}{2} = -4; 3y = \frac{-7+1}{2} = -3; y = -1$; тогда $x = 2(-1) \pm 4$;

$x = -2 + 4 = 2; x = -2 - 4 = -6$.Итак, пары чисел $x = 2$,

$y = -1$, и $x = -6, y = -1$ также являются решениями данного уравнения.

Ответ: (6;1), (-2;1), (2;-1), (-6;-1).

Пример 20. Решить в целых числах уравнение$2x^2 + xy - 6y^2 + 3 = 0$

Решение. Решим это уравнение как квадратное относительно x.

$x = \frac{-y \pm \sqrt{y^2 + 48y^2 - 24}}{4} = \frac{-y \pm \sqrt{49y^2 - 24}}{4}$; Так как$x$-целое, то выражение $49y^2 - 24$ должно быть точным квадратом. Пусть $49y^2 - 24 = m^2$;.

Тогда $x = \frac{-y \pm m}{4}$, далее $(7y)^2 - m^2 = 24$ Представим 24 в виде произведения двух множителей одинаковой четности. Это: $6 \cdot 4; -6(-4); 12 \cdot 2; -12(-2)$.

Найдем m и y.

1 случай. $7y = \frac{6+4}{2} = 5; y = \frac{5}{7}$ (не целое). Первое произведение для решения не подходит.

2 случай. $7y = \frac{-6-4}{2} = -5; y = -\frac{5}{7}$ (не целое). В данном случае решений нет

3 случай. $7y = \frac{12+2}{2} = 7; y = 1, m = \frac{12-2}{2} = 5; x = \frac{-1\pm5}{4}; x = \frac{-1+5}{4} = 1;$
$x = \frac{-1-5}{4} = -\frac{3}{2}$ (не целое).

Пара чисел $x = 1; y = 1$ является решением.

4 случай. $7y = \frac{-12-2}{2} = -7; y = -1; m = \frac{-12+2}{2} = -5;$

$x = \frac{-(-1)\pm5}{4}; x = \frac{1-5}{4} = -1; x = \frac{1+5}{4} = \frac{3}{2}$ (не целое).

Пара чисел $(-1; -1)$ является решением.

Ответ: (1:1), $(-1; -1)$.

Пример 21. Решить в целых числах уравнение $x^2 - xy + y^2 = 1$

Решение. Решим это уравнение как квадратное относительно x.

$x = \frac{y\pm\sqrt{y^2-4y^2+4}}{2}; x = \frac{y\pm\sqrt{-3y^2+4}}{2};$ Так как x-целое,

то выражение $-3y^2 + 4$ должно быть точным квадратом.

Так как $-3y^2 + 4 \geq 0$, то это возможно при $y = \pm1$ и $y = 0$. Если $y^2 = 1$;

$x = \frac{-1\pm1}{2},\ x = \frac{-1+1}{2} = 0$ или $x = \frac{-1-1}{2} = -1$.

Пары чисел $x = 0; y = -1; x = -1; y = -1$ являются решениями.

Если $y = 1; x = \frac{1\pm1}{2}; x = 0$ или $x = 1$.

Пары чисел $x = 0; y = 1; x = 1; y = 1$ являются решениями.

Если $y = 0; x = \pm\frac{2}{2} = \pm1$, то есть $x = 1; y = 0; x = -1; y = 0$ являются решениями данного уравнения.

Ответ: (0;-1), (-1;-1),(0;1),(1;1),(1;0),(-1;0).

Пример 22. Решить в целых числах уравнение $7x^2 + 12xy - 4y^2 = 21$

Решение. Перепишем уравнение в следующем виде $7x^2 + 12xy - 4y^2 - 21 = 0$ и решим как квадратное относительно x.

$x = \frac{-6y\pm\sqrt{36y^2+28y^2+147}}{7} = \frac{-6y\pm\sqrt{64y^2+147}}{7};$ Так как x-целое, то выражение $64y^2 + 147$ должно быть точным квадратом.

Пусть $64y^2 + 147 = m^2$, тогда $x = \frac{-6y \pm m}{7}$; $(m)^2 - (8y)^2 = 147$. Представим число 147 в виде произведения двух множителей одинаковой четности. Это: $3 \cdot 49$; $7 \cdot 21$; $147 \cdot 1$; $-49(-3)$; $9 - 21(-7)$; $-147(-1)$.

Рассмотрим первый случай. Найдем m и y.

$$m = \frac{49+3}{2} = 26; 8y = \frac{49-3}{2} = 23; y = \frac{23}{8} \text{ (не целое)}.$$

Рассмотрим второй случай. $m = \frac{147+1}{2} = 74; 8y = \frac{147-1}{2} = 73;$

$y = \frac{73}{8}$ (не целое).

Случаи с отрицательными множителями будут давать те же результаты, только с противоположными знаками. При решении этого уравнения можно было воспользоваться фактом: любой точный при делении на 4 дает остаток 0 и 1, а число $64y^2 + 147$ дает остаток 3.

Ответ: Уравнение решений в целых числах не имеет.

Пример 23. Решить в целых числах уравнение $7x^2 + 12xy - 8y^2 = 21$

Решение. Решим уравнение, как квадратное относительно x.

$x = \frac{-6y \pm \sqrt{36y^2 + 56y^2 + 147}}{7} = \frac{-6y \pm \sqrt{92y^2 + 147}}{7}$. Так как число $92y^2 + 147$ при делении 4 дает остаток 3, то оно не может быть точным квадратом. Поэтому, уравнение в целых числах решений не имеет.

Ответ: Решений нет.

Пример 24. Решить в целых числах уравнение
$x^2 - 4xy + 5y^2 + 2x - 8y + 5 = 0$

Решение. Перепишем уравнение в следующем виде

$x^2 - (4y - 2)x + 5y^2 - 8y + 5 = 0$ и решим, как квадратное относительно x.

$x = 2y - 1 \pm \sqrt{4y^2 - 4y + 1 - 5y^2 + 8y - 5} = 2y - 1 \pm \sqrt{-y^2 + 4y - 4}.$

Так как x-целое, то выражение

$-y^2 + 4y - 4$ должно быть точным квадратом.

Пусть $-y^2 + 4y - 4 = m^2$, тогда $x = 2y - 1 \pm m$;.

Решим уравнение $y^2 - 4y + m^2 + 4 = 0; y = 2 \pm \sqrt{4 - 4 - m^2} = 2 \pm \sqrt{-m^2}.$

Так как $-m^2 \geq 0$, то $m = 0$, значит $y = 2; x = 2 \cdot 2 - 1 + 0 = 3.$

Ответ; (3;2)

Пример 25. Решить в целых числах уравнение
$x^2 - 2xy + 2y^2 + 4x - 2y + 5 = 0$

Решение. Перепишем уравнение в следующем виде

$x^2 - (2y - 4)x + 2y^2 - 2y + 5 = 0$ и решим, как квадратное относительно x.

$x = y - 2 \pm \sqrt{y^2 - 4y + 4 - 2y^2 + 2y - 5} = y - 2 \pm \sqrt{-y^2 - 2y - 1}.$

Так как x-целое, то выражение

$-y^2 - 2y - 1$ должно быть точным квадратом.

Пусть $-y^2 - 2y - 1 = m^2$, тогда $x = y - 2 \pm m;$.

Решим уравнение $-y^2 - 2y - 1 - m^2 = 0;$ или $y^2 + 2y + 1 + m^2 = 0;$

$y = -1 \pm \sqrt{1 - 1 - m^2} = -1 \pm \sqrt{-m^2}$. Так как $m^2 \geq 0$, то $m = 0$,

отсюда $y = -1; x = -1 - 2 = -3.$

Ответ; (-3;-1).

Пример 26. Решить в целых числах уравнение $x^2 + xy + y^2 - 2x + 2y + 4 = 0$

Решение. Перепишем уравнение в следующем виде

$x^2 + (y - 2)x + y^2 + 2y + 4 = 0$ и решим, как квадратное относительно x.

$x = \frac{2 - y \pm \sqrt{4 - 4y + y^2 - 4y^2 - 8y - 16}}{2} = \frac{2 - y \pm \sqrt{-3y^2 - 12y - 12}}{2}.$

Так как x-целое, то выражение $-3y^2 - 12y - 12$
должно быть точным квадратом.

Пусть $-3y^2 - 12y - 12 = m^2$, тогда $x = \frac{2 - y \pm m}{2};$.

Решим уравнение

$-3y^2 - 12y - 12 - m^2 = 0;$ Или $3y^2 + 12y + 12 + m^2 = 0;$

$y = \frac{-6 \pm \sqrt{36 - 3m^2 - 36}}{3} = \frac{-6 \pm \sqrt{-3m^2}}{3}.$

Так как $3m^2 \geq 0$, то $m = 0$, отсюда $y = \frac{-6+0}{3} = -2$; $x = \frac{2+2}{2} = 2$.

Пара чисел (2;-2) является решением.

Ответ; (2;-2).

Пример 27. Решить в целых числах уравнение $x^2 + 2xy + y^2 - 4x + 2y + 4 = 0$

Решение. Перепишем уравнение в следующем виде

$x^2 + (2y - 4)x + y^2 + 2y + 4 = 0$ и решим, как квадратное относительно x.

$x = -(y - 2) \pm \sqrt{y^2 - 4y + 4 - y^2 - 2y - 4} = -(y - 2) \pm \sqrt{-6y}$

Так как x-целое, то выражение $-6y$ должно быть точным квадратом.

Пусть $-6y = m^2$, тогда $x = \frac{m^2}{-6}$; $m = (6r)^2$; $y = \frac{(6r)^2}{-6} = -6r^2$;

$x = -(y - 2) \pm m$; $x = -(-6r^2 - 2) \pm 6r = 6r^2 \pm 6r + 2$.

Ответ: Уравнение имеет бесконечное множество решений.

Пример 28. Решить в целых числах уравнение$2x^2 - 6xy + y^2 + 3y = 21$

Решение. Решим уравнение, как квадратное относительно x.

$x = \frac{3y \pm \sqrt{9y^2 - 2y^2 - 6y + 42}}{2} = \frac{3y \pm \sqrt{7y^2 - 6y + 42}}{2}$.Так как$x$-целое, то выражение

$7y^2 - 6y + 42$ должно быть точным квадратом.

Пусть $7y^2 - 6y + 42 = m^2$, тогда $x = \frac{3y \pm m}{2}$;.

Решим уравнение $7y^2 - 6y + 42 - m^2 = 0$;

$y = \frac{3 \pm \sqrt{9 - 294 + 7m^2}}{7} = \frac{3 \pm \sqrt{7m^2 - 285}}{7}$. Так как 7 не является точным квадратом, то уравнение не имеет решения.

Ответ: решений нет.

Пример 29. Решить в целых числах уравнение$2x^2 - 3xy + 2y^2 = 7$

Решение. $2x^2 - 3xy + 2y^2 - 7 = 0$; $x = \frac{3y \pm \sqrt{9y^2 - 8y^2 + 28}}{2} = \frac{3y \pm \sqrt{y^2 + 28}}{2}$; Так как x-целое, то выражение $y^2 + 28$ должно быть точным квадратом.
Пусть $y^2 + 28 = m^2$.

Тогда $x = \frac{3y \pm m}{2}$. далее $y^2 - m^2 = 28$ Представим 28 в виде произведения двух множителей одинаковой четности. Это: $14 \cdot 2; -14(-2)$.

Найдем m и y.

1 случай. $m = \frac{14+2}{2} = 8; y = \frac{14-2}{2}; x = \frac{3 \cdot 6 - 8}{2} = 5;$ или $x = \frac{3 \cdot 6 + 8}{2} = 13$

Пары чисел (5;6) и (13;6) являются решением

2 случай. $m = \frac{-14-2}{2} = -8; y = \frac{-14+2}{2} = -6; x = \frac{3(-6)-8}{2} = -13;$

или $x = \frac{3(-6)+8}{2} = -5.$

Пары чисел$(-13; -6)$ и $(-5; -6)$ являются решением.

Ответ: (-13:-6), $(-5; -6)$, $(5; 6)$, $(13; 6)$.

Пример 30. Найти все пары целых чисел *(x;y)* для которых

$2x^2 + y^2 = 2xy + 3y$

Решение. Перепишем уравнение в следующем виде

$2x^2 - 2xy + y^2 - 3y = 0.$ Решим полученное уравнение относительно x.

$x = \frac{y \pm \sqrt{y^2 - 2y^2 + 6y}}{2} = \frac{y \pm \sqrt{-y^2+6y}}{2};$ Так какx-целое, то выражение $-y^2 + 6y$

должно быть точным квадратом.Пусть $-y^2 + 6y = m^2$.Тогда$x = \frac{y \pm m}{2}$. Решим

уравнение $-y^2 + 6y - m^2 = 0;$ или $y^2 - 6y + m^2 = 0; y = 3 \pm \sqrt{9 - m^2}.$

Так какy-целое, то выражение

$9 - m^2$должно быть точным квадратом, то есть $9 - m^2 = n^2$.

Так как $9 - m^2 \geq 0,$ то m принимает значения; 0; 3. Тогда $y = 3;$

или $y = 3 \pm 3. y = 6;$ $y = 0.$ Если $y = 0, x = \frac{0+0}{2} = 0;$ или $x = \frac{0+3}{2}$(не целое).

Пара чисел (0; 0)является решением.

Если $y = 3, x = \frac{3+0}{2}$ (не целое), или $x = \frac{3-3}{2} = 0;$ $x = \frac{3+3}{2} = 3.$

Пары чисел (0;3) и (3;3) являются решением. Если $y = 6, x = \frac{6+0}{2} = 3,$

или $x = \frac{6+3}{2}$ (не целое).

Ответ: (0;0); (0;3); (3;3); (3;6).

Пример 31. Найти все пары целых чисел *(x;y)* удовлетворяющие уравнению

$2xy + 3y^2 = 24$

Решение. Перепишем уравнение в следующем виде

$3y^2 + 2xy - 24 = 0.$

Решим это уравнение как квадратное относительно y. $y = \frac{-x \pm \sqrt{x^2 + 72}}{3};$

Так как y-целое, то выражение $x^2 + 72$ должно быть точным квадратом.

Пусть $x^2 + 72 = m^2$. Тогда $y = \frac{-x \pm m}{3}$. Решим уравнение $m^2 - x^2 = 72$.

Представим 72 в виде произведения двух множителей одинаковой четности.

Это; $36 \cdot 2$; $12 \cdot 6$; $-36(-2)$; $-12(-6)$; $18 \cdot 4$; $-18(-4)$. Рассмотрим первый случай. Вычислим m и x. $m = \frac{36+2}{2} = 19$; $x = \frac{36-2}{2} = 17$, тогда $y = \frac{-17+19}{3}$; $y = \frac{-17-19}{3} = -12$.

 Пара чисел (17;-12) является решением.

Второй случай. $m = \frac{12+6}{2} = 9$; $x = \frac{12-6}{2} = 3$, тогда $y = \frac{-3+9}{3}$; $y = \frac{-3-9}{3} = -4$ или $y = \frac{-3+9}{3} = 2$. Пары чисел (3;-4) и (3;-2) являются решением.

Третий случай. $m = \frac{18+4}{2} = 11$; $x = \frac{18-4}{2} = 7$, тогда $y = \frac{-7 \pm 11}{3}$; $y = \frac{-7-11}{3} = -6$. Пара чисел (7;-6) является решением.

Четвертый случай. $m = \frac{-36-2}{2} = -19$; $x = \frac{-36+2}{2} = -17$, тогда $y = \frac{17 \pm 19}{3}$; $y = \frac{17+19}{3} = 12$.

Пара чисел (-17;12) является решением.

Пятый случай. $m = \frac{-12-6}{2} = -9$; $x = \frac{-12+6}{2} = -3$, тогда $y = \frac{3 \pm 9}{3}$; $y = \frac{3-9}{3} = -2$; $y = \frac{3+9}{3} = 4$. Пары чисел (-3;-2) и (-3;-4) являются решением.

Шестой случай. $m = \frac{-18-4}{2} = -11$; $x = \frac{-18+4}{2} = -7$, тогда $y = \frac{7 \pm 11}{3}$; $y = \frac{7+11}{3} = 6$. Пара чисел (-7;6) является решением.

Ответ: (17;-12); (3;-4); (3;-2); (7;6); (-17;12); (-3;-2); (-3;4); (-7;6).

Пример 32. Решите уравнение $2x^2 + 5xy - 12y^2 = 28$ в натуральных числах.

Решение. Решим это уравнение как квадратное относительно x.

$2x^2 + 5xy - 12y^2 - 28 = 0$. $x = \frac{-5y \pm \sqrt{25y^2 + 96y^2 + 224}}{4} = \frac{-5y \pm \sqrt{121y^2 + 224}}{4}$; Так как x-целое, то выражение $121y^2 + 224$ должно быть точным квадратом. Пусть $121y^2 + 224 = m^2$. Тогда $x = \frac{-5y \pm m}{4}$.

Имеем; $m^2 - (11y)^2 = 224$. Представим 224 в виде произведения двух множителей одинаковой четности.

Это; $2 \cdot 112$; $4 \cdot 56$; $8 \cdot 28$; $16 \cdot 14$; $-2(-112)$; $-4(-56)$; $-8(-28)$; $-16(-14)$.

Рассмотрим первый случай. Вычислим m и y. $m = \frac{112+2}{2} = 57$; $11y = \frac{112-2}{2} = 57$; $y = 5$; тогда $x = \frac{-5 \cdot 5 \pm 57}{4} = \frac{-25 \pm 57}{4}$; $x = \frac{-25+57}{4} = \frac{32}{4} = 8$ или $x = \frac{-25-57}{4} = \frac{82}{4}$ (не целое).

Пара чисел (8;5) является решением.

Второй случай. $m = \frac{56+4}{2} = 30; 11y = \frac{56-4}{2} = 26, y -$ (не целое).

Третий случай. $m = \frac{28+8}{2} = 18; 11y = \frac{28-8}{2} = 10, y -$ (не целое).

Четвертый случай. $m = \frac{16+14}{2} = 15; 11y = \frac{16-14}{2}, y -$ (не целое).

Произведения с отрицательными множителями дают те же результаты, только с противоположным знаком.

Ответ: (8;5).

Пример 33. Найдите все целые решения уравнения $3x^2 - 7xy + 2y^2 = 0$

Решение. . Решим это уравнение как квадратное относительно x.

$x = \frac{7y \pm \sqrt{49y^2 - 24y^2}}{6} = \frac{7y \pm \sqrt{25y^2}}{6} = \frac{7y \pm 57}{6}; x = 2y; x = \frac{y}{3};$

Ответ: $(2y;y)$; $(\frac{y}{3}; 3x)$;

Пример 34. Решите в целых числах уравнение $5x^2 + y^2 - 4xy - 4x + 4 = 0$.

Решение. $5x^2 - (4y+4)x + y^2 + 4 = 0.$

Решим это уравнение как квадратное относительно x.

$x = \frac{2y+2 \pm \sqrt{4y^2+8y+4-5y^2-20}}{5} = \frac{2y+2 \pm \sqrt{-y^2+8y-16}}{5};$Так   как x-целое,   то выражение $-y^2 + 8y - 16$должно быть точным квадратом.

Пусть– $y^2 + 8y - 16 = m^2$.Тогда $x = \frac{2y+2 \pm m}{5}$.

Решим уравнение $- y^2 + 8y - 16 - m^2 = 0$ или– $y^2 + 8y + 16 + m^2 = 0,$

$y = 4 \pm \sqrt{16 - 16 - m^2}$=$4 \pm \sqrt{-m^2}$, так как $-m^2 \geq 0,$то $m = 0.$

Поэтому $y = 4,$ тогда $x = \frac{2 \cdot 4 + 2 + 0}{5} = 2.$

Ответ: (2;4).

Пример 35. Найдите все целые решения уравнения $3x^2 + 4xy - 7y^2 = 13$

Решение. . Решим это уравнение как квадратное относительно x.

$x = \frac{-2y \pm \sqrt{4y^2 + 21y^2 + 39}}{3} = \frac{-2y \pm \sqrt{25y^2 + 39}}{3};$Так как$x$-целое, то выражение $25y^2 + 39$ должно быть точным квадратом.Пусть $25y^2 + 39 = m^2$. Тогда $x = \frac{-2y \pm m}{3}$.

Имеем; $m^2 - (5y)^2 = 39.$Представим 39 в виде произведения двух множителей одинаковой четности. Это; $39 \cdot 1; 13 \cdot 3;$

Найдем m и $5y$;

  1). $m = \frac{39+1}{2} = 20; 5y = \frac{39-1}{2} = 19; y = \frac{19}{5}$ (не целое).

  2). $m = \frac{13+3}{2} = 8; 5y = \frac{3-3}{2} = 5; y = 1,$ тогда $x = \frac{-2 \cdot 1 + 8}{3} = 2$

или $x = \frac{-2 \cdot 1 - 8}{3} = -\frac{10}{3}$(не целое).   Так   как $3x^2 + 4xy - 7y^2$ –   четная функция, то числа (-х;-у) также являются ее решениями.

Ответ: (2;1),(-2;-1).

Пример 36. Решите в целых числах уравнение$x^2 = 7y^2 + 6y + 21$

Решение. Представим уравнение в следующем виде:

$y^2 + 6y + 21 - x^2 =$

0. Решим это уравнение как квадратное относительно y.

$y = -3 \pm \sqrt{9 + x^2 - 21} = -3 \pm \sqrt{x^2 - 12}$;Так как$y$-целое, то выражение $x^2 - 12$ должно быть точным квадратом.Пусть $x^2 - 12 = m^2$.

Тогда $y = -3 \pm m$.

Имеем; $x^2 - m^2 = 12$.Представим 12 в виде произведения двух множителей одинаковой четности. Это; 6· 2;

Найдем x и m; $x = \frac{6+2}{2} = 4$; $m = \frac{6-2}{2} = 2$; $y = -3 + 2 = -1$; $y = -3 - 2 = -5$

Пары чисел (4;-1), (4;-5) являются решением данного уравнения. Так как xудовлетворяет и число (-4), то пары чисел (-4;-1), (-4;-5) также являются решениями.

Ответ: (4;-1), (4;-5), (-4;-1), (-4;-5).

Пример 37. Решите в целых числах уравнение$2x^2 - 2xy + 9x + y = 2$

Решение. Представим уравнение в следующем виде;

$2x^2 - (2y - 9)x + y - 2 =$

0. Решим это уравнение как квадратное относительно x.

$x = \frac{2y-9\pm\sqrt{4y^2-36y+81-8y+16}}{4} = \frac{2y-9\pm\sqrt{4y^2-44y+97}}{4}$;

Так какx-целое, то выражение

$4y^2 - 44y + 97$должно быть точным квадратом.

Пусть $4y^2 - 44y + 97 = m^2$.Тогда $x = \frac{2y-9\pm m}{4}$.

Решим уравнение $4y^2 - 44y + 97 - m^2 = 0$ как квадратное относительно y.

$y = \frac{22\pm\sqrt{484-388+4m^2}}{4} = \frac{22\pm\sqrt{4m^2+96}}{4} = \frac{22\pm 2\sqrt{4m^2+24}}{4} = \frac{11\pm\sqrt{m^2+24}}{4}$; Так как y-целое, то выражение $m^2 + 24$должно быть точным квадратом.

Пусть $m^2 + 24 = n^2$. или $m^2 - n^2 = 24$. Тогда $y = \frac{11\pm n}{2}$.

Представим 24 в виде произведения двух множителей одинаковой четности. Это; 12· 2; 6· 4;

Найдем n и m; 1). $n = \frac{12+2}{2} = 7$; $m = \frac{12-2}{2} = 5$; тогда $y = \frac{11+7}{2} = 9$; $y = \frac{11-7}{2} = 2$

$x = \frac{2\cdot 9-9+5}{4} = \frac{14}{4}$ (не целое) или $x = \frac{2\cdot 9-9-5}{4} = \frac{4}{4} = 1$

Пара чисел (1;9) является решением. Если $y = 2$, $x = \frac{2\cdot 2-9+5}{4} = 0$

или $x = \frac{2\cdot 2-9-5}{4} = -\frac{10}{4}$ (не целое).Пара чисел (0;2) является решением.

2). $n = \frac{6+4}{2} = 5$; $m = \frac{6-4}{2} = 1$, тогда $y = \frac{11+5}{2} = 8$; $y = \frac{11-5}{2} = 3$. . Если $y = 8$,

$x = \frac{2 \cdot 3 - 9 + 1}{4} = 2$ или $x = \frac{2 \cdot 3 - 9 - 1}{4} = \frac{6}{4}$ (не целое).

Пара чисел (2;8) является решением. Если $y = 3, x = \frac{2 \cdot 3 - 9 + 1}{4} = -\frac{2}{4}$ (не целое) или $x = \frac{2 \cdot 3 - 9 - 1}{4} = -1$. Пара чисел (-1;3) является решением.

Ответ: (0;2), (-1;3), (1;9), (2;8).

Пример 38. Найти все пары натуральных чисел, удовлетворяющих уравнению
$$x^2 - xy - 2x + 3y = 11$$
Решение. Перепишем уравнение в следующем виде:
$x^2 - (y + 2)x + 3y - 11 = 0.$

Решим это уравнение как квадратное относительно x.

$x = \frac{y + 2 \pm \sqrt{y^2 + 4y + 4 - 12y + 44}}{2} = \frac{y + 2 \pm \sqrt{y^2 - 8y + 48}}{2}$; Так как x-натуральное, то выражение
$y^2 - 8y + 48$ должно быть точным квадратом.

Пусть $y^2 - 8y + 48 = m^2$.

Решим уравнение $y^2 - 8y + 48 - m^2 = 0$. Тогда $x = \frac{y + 2 \pm m}{2}$.

$y = 4 \pm \sqrt{16 - 48 + m^2} = 4 \pm \sqrt{m^2 - 32}$.

Так как y − натуральное, то выражение
$m^2 - 32$ должно быть точным квадратом.

Пусть $m^2 - 32 = n^2$ или $m^2 - n^2 = 32$. Тогда $y = 4 \pm n$.

Представим 32 в виде произведения двух множителей одинаковой четности.

Это; $2 \cdot 16$; $4 \cdot 8$;. Вычислим m и n.1). $m = \frac{16 + 2}{2} = 9; n = \frac{16 - 2}{2} = 7$,

тогда $y = 4 + 7 = 11; x = \frac{11 + 2 + 9}{2} = 11$ или $x = \frac{11 + 2 - 9}{2} = 2$.

Пара чисел (2;11) и (11;11) является решением.

2). $m = \frac{8 + 4}{2} = 6; n = \frac{8 - 4}{2} = 2$, тогда $y = 4 + 2 = 6; y = 4 - 2 = 2$;

$x \frac{6 + 2 \pm 6}{2}; x = \frac{14}{2} = 7; x = \frac{6 + 2 - 6}{2} = 1$.

Пары чисел (1;6) и (7;6) являются решением данного уравнения.

Если $y = 2, x = \frac{2 + 2 + 6}{2} = 5$. Пара чисел (5;2) является решением.

Ответ: (2;11); (5;2); (1;6); (7;6); (11;11);

Пример 39. Решите в целых числах уравнение $3x^2 + 4xy - 7y^2 = 13$

Решение. $3x^2 + 4xy - 7y^2 - 13 = 0$; Решим уравнение как квадратное

$x = \frac{-2y \pm \sqrt{4y^2 + 21y^2 + 39}}{3} = \frac{-2y \pm \sqrt{25y^2 + 39}}{3}$; Так как x-целое, то выражение

$25y^2 + 39$ должно быть точным квадратом. Пусть $25y^2 + 39 = m^2$;.

Тогда $x = \frac{-2y \pm m}{3}$, далее $m^2 - 25y^2 = 89, m^2 - (5y)^2 = 39$. Представим 39 в

виде произведения двух множителей одинаковой четности.

Это: $39 \cdot 1;\ -39(-1), 3 \cdot 13;\ -3(-13)$

Найдем m и y.

1. случай. $m = \frac{39+1}{2} = 20; 5y = \frac{38}{2} = 19; y$ − не целое.

2. случай. $m = \frac{-39-1}{2} = -20; 5y = -9;\ y$ − не целое.

3. случай. $m = \frac{13+3}{2} = 8; 5y = \frac{13-3}{2} = 5; y = 1; x = \frac{-2\pm8}{3}; x = \frac{6}{3} = 2$

Пара чисел $(2; 1)$ является решением.

4. случай. $m = \frac{-13-3}{2} = -8; 5y = \frac{-13+3}{2} = -5; y = -1;$
$x = \frac{2\pm8}{3}; x = -2.$

Ответ: (-2:-1), $(2; \mathbf{1})$.

Пример 40. Решите в целых числах уравнение $x^2 - xy - 2y^2 = 1$

Решение. Решим уравнение как квадратное относительно x.

$x^2 - xy - 2y^2 - 1 = 0; x = \frac{y\pm\sqrt{y^2+8y+4}}{2} = \frac{y\pm\sqrt{9y^2+4}}{2};$ Так как x-целое, то выражение $9y^2 + 4$ должно быть точным квадратом.

Пусть $9y^2 + 4 = m^2; m^2 - (3y)^2 = 4.$Тогда$x = \frac{y+m}{2}.$ Представим 4 в виде произведения двух множителей одинаковой четности. Это: $2 \cdot 2;\ -2(-2).$

Найдем m и y.

1. случай. $m = \frac{2+2}{2} = 2; 2y = \frac{2-2}{2} = 0; y = 0;$
$x = \frac{0\pm2}{2} = \pm1.$

Пары чисел $(-1; 0), (1; 0)$ являются решением.

2. случай. $m = \frac{-2-2}{2} = -2; 3y = \frac{-2+2}{2} = 0;\ y = 0; x = \frac{\pm2}{2} = \pm1$

Ответ: (-1:0), $(1; \mathbf{0})$.

Пример 41. Решите в целых числах уравнение $y^2 - 2xy - 2x = 6$

Решение. Решим уравнение как квадратное относительно y.

$y^2 - 2xy - 2x - 6 = 0; y = x \pm \sqrt{x^2 + 2x + 6};$ Так как y-целое, то выражение$x^2 + 2x + 6$ должно быть точным квадратом.

Пусть$x^2 + 2x + 6 = m^2;$. Тогда $y = x \pm m.$

Решим уравнение $x^2 + 2x + 6 - m^2 = 0;$

$x = -1 \pm \sqrt{1 - 6 + m^2} = -1 \pm \sqrt{m^2 - 5};$

Так как x − целое, то выражение$m^2 - 5$ должно быть точным квадратом.

Пусть $m^2 - 5 = n^2; m^2 - n^2 = 5.$ Тогда $x = -1 \pm n.$ Представим 5 в виде произведения двух множителей одинаковой четности. Это: $5 \cdot 1;\ -1(-5).$

Найдем m и n.

Первый случай. $m = \frac{5+1}{2} = 3; n = \frac{5-1}{2} = 2;$ тогда $x = -1 \pm 2; x = -3;$

$x = 1; y \neq -3 \pm 3; y = -6; y = 0$ или $y = 1 \pm 3; \ y = 4; y = -2$

Пары чисел $(-3; -6), (-3; 0), (1; 4), (1; -2)$ являются решением.

Второй случай дает те же результаты.

Ответ: $(-3; -6), (-3; 0), (1; 4), (1; -2).$

Пример 42. Решите уравнение $10x^2 + y^2 - 6xy - 8x + 4y + 8 = 0$ в целых числах.

Решение. Представим уравнение в виде квадратного трехчлена

$10x^2 + y^2 - 6xy - 8x + 4y + 8 = 10x^2 - (6 + 8)x + y^2 + 4y + 8 = 0.$

$x = \frac{3y+4 \pm \sqrt{9y^2 + 24y + 16 - 10y^2 - 40y - 80}}{10} = \frac{3y + 4 \pm \sqrt{-y^2 - 16y - 64}}{10};$

Так как x – целое, то выражение

$-y^2 - 16y - 64$ должно быть точным квадратом.

Пусть $-y^2 - 16y - 64 = m^2.$ Тогда $x = \frac{3y + 4 \pm m}{10};$

Решим уравнение

$y^2 + 16y + 64 + m^2 = 0. y = -8 \pm \sqrt{64 - 64 - m^2} = -8 \pm \sqrt{-m^2}.$

Так как $-m^2 \geq 0,$ то $m = 0.$ Отсюда $y = -8; x = \frac{-24 + 4 \pm 0}{10} = -2.$

Ответ: (-2;-8).

Пример 43. Решите уравнение $x^2 + 26y^2 - 10xy + 2x - 16y + 10 = 0$ в целых числах.

Решение. Представим уравнение в виде квадратного трехчлена

$x^2 + 26y^2 - 10xy + 2x - 16y + 10 = x^2 - (10y - 2)x + 26y^2 - 16y + 10 = 0.$
Решим уравнение как квадратное относительно x.

$x = 5y - 1 \pm \sqrt{25y^2 - 10y + 1 - 26y^2 + 16y - 10} = 5y - 1 \pm$
$\sqrt{-y^2 + 6y - 9};$

Так как x-целое, то выражение

45

$-y^2 + 6y - 9$ должно быть точным квадратом.

Пусть $-y^2 + 6y - 9 = m^2$; тогда $x = 5y - 1 \pm m$.

Решим уравнение $y^2 - 6y + 9 + m^2 = 0$. $y = 3 \pm \sqrt{9 - 9 - m^2} = 3 \pm \sqrt{-m^2}$.

Так как $-m^2 \geq 0$, то $m = 0$. Отсюда $y = 3$; $x = 15 - 1 = 4$.

Ответ: (14;3).

Пример 44. Решите в целых числах уравнение $x^2 - 2xy + y^2 - 4y + 5 = 0$

Решение. Решим уравнение как квадратное относительно x.

$x = 1 \pm \sqrt{1 - y^2 + 4y - 5} = 1 \pm \sqrt{-y^2 + 4y - 4}$; Так   как x-целое,   то выражение $-y^2 + 4y - 4$ должно быть точным квадратом.

Пусть $-y^2 + 4y - 4 = m^2$; тогда $x = 1 \pm m$.

Решим уравнение $-y^2 + 4y - 4 - m^2 = 0$ или $y^2 - 4y + 4 + m^2 = 0$.

$y = 2 \pm \sqrt{4 - 4 - m^2} = 2 \pm \sqrt{-m^2}$.

Так как $-m^2 \geq 0$, и m^2 точный квадрат, то $m = 0$. Отсюда $y = 2$; $x = 1$.

Ответ: (1;2).

Пример 45. Решите в целых числах уравнение $(x - 2)(xy + 4) = 1$

Решение. Раскроем скобки $x^2 y + 4x - 2xy - 8 - 1 = 0$;

$yx^2 + (4 - 2y)x - 9 = 0$. Решим уравнение как квадратное относительно x.

$x = \dfrac{y - 2 \pm \sqrt{y^2 - 4y + 4 + 9y}}{y} = \dfrac{y - 2 \pm \sqrt{y^2 + 5y + 4}}{y}$;

Так как x-целое, то выражение

$y^2 + 5y + 4$ должно быть точным квадратом.   Пусть $y^2 + 5y + 4 = m^2$;

тогда $x = \dfrac{y - 2 \pm m}{y}$.

Решим уравнение $y^2 + 5y + 4 - m^2 = 0$. $y = \dfrac{-5 \pm \sqrt{25 - 16 + 4m^2}}{2} = \dfrac{-5 \pm \sqrt{4m^2 + 9}}{2}$.

Так как y-целое, то выражение $4m^2 + 9$ должно быть точным квадратом.

Пусть $4m^2 + 9 = n^2$. или $n^2 - (2m)^2 = 9$. Тогда $y = \dfrac{-5 \pm n}{2}$.

Представим 9 в виде произведения двух множителей одинаковой четности.

Это; $9 \cdot 1$; $3 \cdot 3$; $-9(-1)$; $-3(-3)$.

Рассмотрим каждый случай.

Найдем n и m; 1). $n = \dfrac{9 + 1}{2} = 5$; $2m = \dfrac{9 - 1}{2} = 4$; $m = 2$; тогда $y = \dfrac{-5 \pm 5}{2} = 9$;

$y = 0$; $y = -5$. Если $y = 0$, $x = \dfrac{-2 \pm 2}{0}$ (решений нет). $y = -5$, $x = \dfrac{-5 - 2 \pm 2}{-5}$;

$x = 1$. Пара чисел (1;0) является решением.

2). $n = \dfrac{3 + 3}{2} = 3$; $2m = \dfrac{3 - 3}{2} = 0$; $m = 0$; тогда $y = \dfrac{-5 \pm 3}{2}$; $y = -4$; $y = -1$. .

Если $y = -4, x = \frac{-4-2}{-4}$ (не целое), Если $y = -1; \; x = \frac{-1-2}{-1} = 3$.

Пара чисел (3;-1) является решением.

3). $n = \frac{-9-1}{2} = -5; 2m = \frac{-9+1}{2} = -4; m = -2;$ тогда $y = \frac{-5\pm5}{2}; y = -5; y = 0.$.

Если $y = -5, x = \frac{-5-2\pm2}{-5} = 1.$ Пара чисел (1;-5) является решением.

4). $n = \frac{-3-3}{2} = -3; 2m = \frac{-3+3}{2}; m = 0;$ тогда $y = \frac{-5\pm3}{2}; y = -4; y = -1.$.

Если $y = -4, x = \dfrac{-4-2\pm0}{-4} =$ (не целое). Если $y = -1, x = \dfrac{-1-2\pm0}{-1} = 3$.

Пара чисел (3;-1) является решением.

Ответ: (3;-1),(1;-5).

Пример 46. Решите уравнение $x^2 - xy - x + y = 1$ в целых числах.

Решение. Представим уравнение в виде квадратного трехчлена

$x^2 - (y + 1)x + y - 1 = 0$.

Решим уравнение как квадратное относительно x.

$x = \frac{y+1\pm\sqrt{y^2+2y+1-4y+4}}{2} = \frac{y+1\pm\sqrt{y^2-2y+5}}{2};$

Так как x-целое, то выражение

$y^2 - 2y + 5$ должно быть точным квадратом. Пусть $y^2 - 2y + 5 = m^2;$

тогда $x = \frac{y+1\pm m}{2}$. Решим уравнение $y^2 - 2y + 5 - m^2 = 0$.

$y = 1 \pm \sqrt{1 - 5 + m^2} = 1 \pm \sqrt{m^2 - 4}$. Так как y-целое, то выражение

$m^2 - 4$ должно быть точным квадратом. Пусть $m^2 - 4 = n^2$.

или $m^2 - n^2 = 4$. Тогда $y = 1 \pm n$.

Представим 4 в виде произведения двух множителей одинаковой четности. Это; $2 \cdot 2; -2(-2);$.

1). $m = \frac{2+2}{2} = 2; n = \frac{2-2}{2} = 0; m = 2;$ тогда $y = 1, x = \frac{1+1\pm2}{-5}; x = 0; x = 2.$

Пары чисел (0;1) и (2;1) являются решением.

2). $m = -2; n = 0;$ тогда $y = 1; x = \frac{1+1\pm2}{2}; x = 0; x = 2.$

Ответ: (0;1), (2;1).

Пример 47. Докажите, что уравнение $x^2 + xy = y^2$ не имеет решения в целых ненулевых числах.

Решение.

Решим уравнение $x^2 + xy - y^2 = 0.$ как квадратное относительно x.

$x^2 + xy - y^2 = x^2 + yx - y^2 = 0; x = \frac{-y \pm \sqrt{y^2 + 4y^2}}{2} = \frac{-y \pm \sqrt{5y^2}}{2};$

Так как $5y^2 \geq 0$ и $5y^2 -$ точный квадрат, то $y = 0.$

Тогда $x = 0,$ то есть других решений уравнение не имеет.

Что и требовалось доказать.

Пример 48. Найти все целочисленные решения уравнения $x^2 - 3xy + 2y^2 = 3.$

Решение. Имеем $x^2 - 3xy + 2y^2 - 3 = 0. x = \frac{3y \pm \sqrt{9y^2 - 8y^2 + 12}}{2} = \frac{3y \pm \sqrt{y^2 + 12}}{2};$ Так как x-целое, то выражение $y^2 + 12$ должно быть точным квадратом. Пусть $y^2 + 12 = m^2;$ тогда $x = \frac{3y \pm m}{2}.$ Решим уравнение $m^2 - y^2 = 12.$ Представим 12 в виде произведения двух множителей одинаковой четности. Это; $6 \cdot 2; -6(-2);.$ Рассмотрим каждый случай.

Найдем m и y; 1). $m = \frac{6+2}{2} = 4; y = \frac{6-2}{2} = 2;$ тогда $x = \frac{3 \cdot 2 \pm 4}{2};$

$x = \frac{6+4}{2} = 5; x = \frac{6-4}{2} = 1.$ Пары чисел (1;2) и (5;2) являются решениями.

2). $m = \frac{-6-2}{2} = -4; y = \frac{-6+2}{2} = -2;$ тогда $x = \frac{-6 \pm 4}{2};$

$x = -5; x = -1.$Парычисел (-5;-2) и (-1;-2) являются решениями.

Ответ: (-5;-2);(-1;-2); (1;2);(5;2).

Пример 49. Найти все целочисленные решения уравнения

$x^2 - 4x - y^2 + 2y + 6 = 0.$

Решение. Решим уравнение как квадратное относительно x.

$x = 2 \pm \sqrt{4 + y^2 - 2y - 6} = 2 \pm \sqrt{y^2 - 2y - 2}.$ Так как x-целое, то выражение $y^2 - 2y - 2$ должно быть точным квадратом.Пусть $y^2 - 2y - 2 = m^2;$ тогда $x = 2 \pm m.$ Решим уравнение $y^2 - 2y - 2 - m^2 = 0.$

Так как $y = 1 \pm \sqrt{1 + 2 + m^2}$=$1 \pm \sqrt{m^2 + 3}.$

Так какy-целое, то выражение $m^2 + 3$ должно быть точным квадратом.

Пусть $m^2 + 3 = n^2;$ или $n^2 - m^2 = 3$ тогда $y = 1 \pm n.$ Представим 3 в виде произведения двух множителей одинаковой четности. Это; $1 \cdot 3; -1(-3);.$ Рассмотрим каждый случай.

Найдем n и m; 1). $n = \frac{3+1}{2} = 2; m = \frac{3-1}{2} = 1;$ тогда $y = 1 \pm 2;$

$y = 3; y = -1. x = 2 \pm 1; x = 3; x = 1$ Пары чисел (1;-1),(1;3),(3;-1),(3;3) являются решениями.

Рассмотрим второй случай (можно не рассмотреть).

2). $n = \frac{-3-1}{2} = -2; m = \frac{-3+1}{2} = -1;$ тогда $y = 1 \pm 2; y = -1; y = 3;$

$$x = 2 \pm 1; x = 3; x = 1.$$

Ответ: (1;-1);(1;3); (3;-1);(3;3).

Пример 50. Решите уравнение $2x^2 + xy = x + 7$ в целых числах.

Решение. Представим уравнение в следующем виде:

$2x^2 + xy = x + 7; 2x^2 + xy - x - 7 = 0; 2x^2 + (y-1)x - 7 = 0.$

Найдем x. $x = \frac{1-y \pm \sqrt{y^2-2y+57}}{4}$. Так как x-целое, то выражение

$y^2 - 2y + 57$ должно быть точным квадратом. Пусть $y^2 - 2y + 57 = m^2$;

тогда $x = \frac{1-y \pm m}{4}$. Решим уравнение $y^2 - 2y + 57 - m^2 = 0.$

$y = 1 \pm \sqrt{1 - 57 + m^2} = 1 \pm \sqrt{m^2 - 56}.$

Так как y-целое, то выражение $m^2 - 56$ должно быть точным квадратом.

Пусть $m^2 - 56 = n^2$; или $m^2 - n^2 = 56$, тогда $y = 1 \pm n$. Представим 56 в виде произведения двух множителей одинаковой четности.

Это; $2 \cdot 28; 4 \cdot 14; -2(-28); (-4(-14).$

Рассмотрим каждый случай.

Найдем m и n; 1). $m = \frac{28+2}{2} = 15; n = \frac{28-2}{2} = 13;$ тогда $y = -12;$

$y = 14.$ Если $y = -12$, $x = \frac{1+12-15}{4} = -\frac{1}{2}$ (не целое); или $x = \frac{1+12+15}{4} = \frac{28}{4} = 7.$

Пара чисел (7;-12) является решением.

Если $y = 14, x = \frac{1-14+15}{4}$ (не целое); или $x = \frac{1-14-15}{4} = -7.$

Пара чисел (-7;14) является решением.

2). $m = \frac{14+4}{2} = 9; n = \frac{14-4}{2} = 5;$ Тогда $y = 6; y = -4.$ Если $y = -4,$

$x = \frac{1+4+9}{4} =$ (не целое); или $x = \frac{1+4-9}{4} = 1.$

Пара чисел (1;6) является решением.

Случаи 3 и 4 не будем рассматривать, так как m и n берутся с $\pm$, то x и y будут совпадать.

Ответ: (7;-12),(-7;14),(1;-4),(1;6).

Пример 51. Решите в целых числах уравнение $x^2 - 3xy = x - 3y + 2$

Решение. Запишем уравнение в следующем виде:

$x^2 - (3y + 1) + 3y - 2 = 0.$

Решим уравнение как квадратное относительно x.

$x = \frac{3y+1 \pm \sqrt{9y^2-6y+9}}{2}$; Так как x-целое, то выражение

$9y^2 - 6y + 9$ должно быть точным квадратом.

Пусть $9y^2 - 6y + 9 = m^2$; тогда $x = \frac{3y+1 \pm m}{2}.$

Решим уравнение $9y^2 - 6y + 9 - m^2 = 0.$

$y = \frac{3 \pm \sqrt{9-81+9m^2}}{9} = \frac{3 \pm \sqrt{9m^2-72}}{9} = \frac{3 \pm 3\sqrt{m^2-8}}{9} = \frac{1 \pm \sqrt{m^2-8}}{3}$. Так как y-целое, то

выражение $m^2 - 8$должно быть точным квадратом.Тогда $y = \frac{1 \pm n}{3}$.

Имеем $m^2 - 8 = n^2$ или $m^2 - n^2 = 8$. Представим 8 в виде произведения двух множителей одинаковой четности. Это: $4 \cdot 2$.

Найдем m и n; 1). $m = \frac{6}{2} = 3; n = \frac{2}{2} = 1$; тогда $y = \frac{2}{3}$ (не целое) или $y = 0$.

$x = \frac{3 \cdot 0 + 1 + 3}{2} = 2$ или $x = \frac{3 \cdot 0 + 1 - 3}{2} = -1$.

Пары чисел (-1;0),(2;0) являются решениями.

Ответ: (-1;0),(2;0).

Пример 52. Решите в целых числах уравнение $x^2 - 6xy + 13y^2 = 100$

Решение. $x^2 - 6xy + 13y^2 - 100 = 0$. Решим это уравнение как квадратное

относительно x. $x = 3y \pm \sqrt{9y^2 - 13y^2 + 100} = 3y \pm \sqrt{-4y^2 + 100} = 3y \pm 2\sqrt{-y^2 + 25}$. Так как x –целое, то выражение $-y^2 + 25$ должно быть точным

квадратом. Пусть $-y^2 + 25 = m^2$, или $m^2 + y^2 = 25$, тогда $x = 3y \pm 2m$.

Возможны следующие случаи; 1). $m = 0, y = \pm 5$; 2). $m = \pm 3, y = \pm 4$; 3).

$m = \pm 5, \ y = 0; 4). m = \pm 4; y = \pm 3$. Если $m = 0; y = -5$,

$x = 3(-5) + 0 = -15$, Если $m = 0, y = 5, x = 3 \cdot 5 \pm 0 = 15$.

Пары чисел (-15;-5);(15;5) являются решением. Если $m = -3; y = -4$,

$x = 3(-4) + 2(-3) = -12 - 6 = -18$, или $x = 3(-4) + 6 = -6$.

Пары чисел (-18;-4);(-6;-4) являются решением.

Если $m = -3; y = 4, x = 3 \cdot 4 + 2(-3) = 6$ или $x = 3 \cdot 4 + 6 = 18$.

Пары чисел (6;4);(18;4) являются решением.

Если $m = 3; y = -4, x = 3(-4) + 2(-3) = -18$ или $x = -12 + 6 = -6$.

Пары чисел (-18-;4);(-6;-4) являются решением.

Если $m = -5; y = 0, x = 3 \cdot 0 + 2(-5) = -10$ или $x = 3 \cdot 0 + 10 = 10$.

Пары чисел (-10;0);(10;0) являются решением.

Если $m = 5; y = 0, x = 3 \cdot 0 + 10 = 10$ или $x = 3 \cdot 0 - 10 = -10$.

Пары чисел (10;0);(-10;0) являются решением.

Если $m = -4; y = -3, x = 3 \cdot (-3) + 2(-4) = -17$ или $x = -9 + 8 = -1$.

Пары чисел (-17;-3);(-1;-3) являются решением.

Если $m = -4; y = 3, x = 3 \cdot 3 \pm 2(-4) = 9 \pm 8$; $x = 17$ или $x = 1$.

Пары чисел (17;3);(1;17) являются решением.

Если $m = 4; y = -3, x = 3(-3) \pm 2 \cdot 4; x = -9 \pm 8, x = -1; x = -17$.

Пары чисел (-1;-3);(-17;-3) являются решением.

Ответ: (-15;-5);(15;5), (-18;-4);(-6;-4), (6;4);(18;4), (-10;0);(10;0), (-17;-3);(-1;-3), (17;3);(1;17).

Пример53. Решите в целых числах уравнение $2x^2 + 3xy - 2y^2 = 12$

Решение. Имеем $2x^2 + 3xy - 2y^2 - 12 = 0$. Решим уравнение как квадратное относительно x. $x = \frac{-3y \pm \sqrt{9y^2 + 16y^2 + 96}}{4} = \frac{-3y \pm \sqrt{25y^2 + 96}}{4}$; Так как x-целое, то выражение $25y^2 + 96$ должно быть точным квадратом.

Пусть $25y^2 + 96 = m^2$; тогда $x = \frac{-3y \pm m}{4}$.

Имеем $m^2 - (5y)^2 = 96$. Представим 96 в виде произведения двух множителей одинаковой четности. Это; $48 \cdot 2; 24 \cdot 4; 12 \cdot 8; 16 \cdot 6$. Произведения с отрицательными множителями не будем рассматривать, они дают те же результаты для x и y.

1 случай. $m = \frac{50}{2} = 25; 5y = \frac{48}{2} = 24; y -$ не целое.

2 случай. $m = \frac{28}{2} = 14; 5y = \frac{20}{2} = 10; y = 2$, тогда $x = \frac{-3 \cdot 2 + 14}{4} = 2$

или $x = \frac{-6 - 14}{4} = -5$.

Пары чисел $(2;2), (-5;2)$ являются решением.

3 случай. $m = \frac{20}{2} = 10; 5y = \frac{4}{2} = 2; y -$ не целое.

4 случай. $m = \frac{22}{2} = 11; 5y = \frac{10}{2} = 5; y = 1$, тогда $x = \frac{-3 + 11}{4} = 2$

или $x = \frac{-3 - 11}{4}$ (не целое).

Пара чисел $(2;1)$ является решением.

Ответ: $(2;2), (-5;2), (2;1)$.

Пример54. Решить в целых числах уравнение $x^2 = y^2 + 2y + 13$

Решение. Представим уравнение в виде $y^2 + 2y - x^2 + 13 = 0$. Решим уравнение как квадратное относительно y.

$y = -1 \pm \sqrt{1 + x^2 - 13} = 1 \pm \sqrt{x^2 - 12}$. Так как y-целое, то выражение $x^2 - 12$ должно быть точным квадратом. Пусть $x^2 - 12 = m^2$; тогда $y = -1 \pm m$. Имеем $x^2 - m^2 = 12$. Представим 12 в виде произведения двух множителей одинаковой четности. Это; $6 \cdot 2; -6(-2)$.

1 случай. $x = \frac{6 + 2}{2} = 4; m = \frac{6 - 2}{2} = 2; y = -1 \pm 2, y = -3; y = 1$.

Пары чисел $(4;-3)$ и $(4;1)$ являются решением.

2 случай. $x = \frac{-6 - 2}{2} = -4; m = \frac{-6 + 2}{2} = -2; y = -3, y = 1$.

51

Пары чисел $(-4;-3),(-4;1)$ являются решением данного уравнения.

Ответ: $(-4;-3),(-4;1),(4;-3),(4;1)$.

Пример55. Решить в целых числах уравнение $2x^2 - 2xy + 9x + y = 2$

Решение. Представим уравнение в виде $2x^2 - (2y - 9)x + y - 2 = 0$. Решим уравнение как квадратное относительно x.

$x = \frac{2y-9\pm\sqrt{4y^2-36y+81-8y+16}}{4} = \frac{2y-9\pm\sqrt{4y^2-44y+97}}{4}$; Так как x-целое, то выражение $4y^2 - 44y + 97$ должно быть точным квадратом.

Пусть $4y^2 - 44y + 97 = m^2$; тогда $x = \frac{2y-9\pm m}{4}$.

Решим уравнение

$4y^2 - 44y + 97 - m^2 = 0. \; y = \frac{22\pm\sqrt{4m^2+96}}{4} = \frac{22\pm 2\sqrt{m^2+24}}{4} =$

$= \frac{11\pm\sqrt{m^2+24}}{2}$;

Так как y – целое, то выражение

$m^2 + 24$ должно быть точным квадратом. Пусть $m^2 + 24 = n^2$.

Тогда $y = \frac{11\pm n}{2}$. Представим 24 в виде произведения двух множителей одинаковой четности. Это; $12 \cdot 2; 6 \cdot 4; 12(-2); -6(-4)$. Рассмотрим первый случай. Вычислим *n и m*.

$n = \frac{24}{2} = 12; m = \frac{10}{2} = 5;$ тогда $y = \frac{11+7}{2} = 9$ или $y = \frac{11-7}{2} = 2$.

Если $y = 9, x = \frac{2\cdot9-9+5}{4} = \frac{14}{4}$ (не целое) или $x = \frac{2\cdot9-9-5}{4} = 1$. Пара чисел $(1;9)$ является решением. Если $y = 2,$

$x = \frac{2\cdot2-9+5}{2} = 0$ или $x = \frac{2\cdot2-9-5}{2} = -\frac{10}{4}$ (не целое).

Пара чисел $(0;2)$ является решением.

Рассмотрим второй случай. Вычислим *n и m*.

$n = \frac{6+4}{2} = 5; m = \frac{6-4}{2} = 1; \; y = \frac{11+5}{2} = 8$ или $y = \frac{11-5}{2} = 3$.

Если $y = 8, x = \frac{2\cdot8-9+1}{2} = 2$ или $x = \frac{2\cdot8-9-1}{2} = \frac{6}{4}$ (не целое).

Пара чисел $(2;8)$ является решением.

Если $y = 3, x = \frac{2\cdot3-9+1}{2}$ (не целое) или $x = \frac{2\cdot3-9-1}{4} = -1$.

Пара чисел $(-1;3)$ является решением.

Случаи с отрицательными множителями дают те же результаты для xy.

Ответ: (1;9),(0;2),(2;8),(-1;3).

Пример 56. Доказать, что уравнение $x^2 + 4x - 11 = 8y$ не имеет решений в целых числах.

Решение. Представим уравнение в следующем виде: $x^2 + 4x - 8y - 11 = 0$.

Решим уравнение как квадратное относительно x. $x = -2 \pm \sqrt{8y + 15}$; Так как x-целое, то выражение $8y + 15$ должно быть точным квадратом.

Пусть $8y + 15 = m^2$; тогда $x = -2 \pm m$. Имеем $8y = m^2 - 15$

или $4(2y) = m^2 - 15$. Разность $m^2 - 15$ при делении на 4 должна давать одинаковые остатки. 15 при делении на 4 дает остаток 3, m^2 дает 0 либо 1. Поэтому $m^2 - 15$ не делится на 4, то есть $8y + 15$ не является точным квадратом.

Уравнение решений не имеет. Что и требовалось доказать.

Пример 57. Решить уравнение $2xy = x^2 + 2y$ в натуральных числах.

Решение. $2xy = x^2 + 2y$ или $x^2 - 2xy + 2y = 0$. Найдем x.

$x = y \pm \sqrt{y^2 - 2y}$. Так как x-целое, то выражение

$y^2 - 2y$ должно быть точным квадратом. Пусть $y^2 - 2y = m^2$;

тогда $x = y \pm m$ Решим уравнение $y^2 - 2y - m^2 = 0$.

$y = 1 \pm \sqrt{m^2 + 1}$;

Так как y — целое, то выражение $m^2 + 1$ должно быть точным квадратом.

Пусть $m^2 + 1 = n^2$ или $n^2 - m^2 = 1$. Тогда $y = 1 \pm m$. Представим 1 в виде произведения двух множителей одинаковой четности. Это; $1 \cdot 1$; $-1(-1)$.

1 случай. $n = \dfrac{1 + 1}{2} = 1$; $m = \dfrac{1 - 1}{2} = 0$; тогда $y = 1 + 1 = 2$

или $y = 1 - 1 = 0$ (не натуральное). Если $y = 2, x = 2$. Пара чисел (2;2) является решением.

2 случай. Произведение -1(-1) дает нам тот же результат.

Ответ: (2;2).

Пример 58. Решите уравнение $x^2 - xy + 2x - 3y = 11$ в натуральных числах.

Решение. Представим уравнение в виде квадратного трехчлена

$x^2 - xy + 2x - 3y - 11 = x^2 - (y - 2)x - 3y - 11 = 0$

и решим как квадратное относительно x.

$x = \dfrac{y - 2 \pm \sqrt{y^2 + 8y + 48}}{2}$. Так как x-целое, то выражение

$y^2 + 8y + 48$ должно быть точным квадратом.Пусть $y^2 + 8y + 48 = m^2$; тогда$x = \frac{y-2\pm m}{2}$.

Решим уравнение $y^2 + 8y + 48 - m^2 = 0$. $y = -4 \pm \sqrt{m^2 - 32}$;

Так как y − целое, то выражение $m^2 - 32$ должно быть точным квадратом. Пусть $m^2 - 32 = n^2$ или $m^2 - n^2 = 32$. Тогда $y = -4 \pm n$. Представим 32 в виде произведения двух множителей одинаковой четности.

Это; $16\cdot 2; 8 \cdot 4; -16(-2); -8(-4)$. Рассмотрим каждый случай.

1 случай. $m = \frac{18}{2} = 9; n = \frac{14}{2} = 7$; Тогда $y = -4 + 7 = 3$ или $y = -4 - 7 = -11$.

Если $y = 3, x = \frac{3-2+9}{2} = 5$ или $x = \frac{3-2-9}{2} = -4$ (не натуральное).

Пара чисел (5;3) является решением.

2 случай. $m = \frac{8+4}{2} = 6; n = \frac{8-4}{2} = 2$;

Тогда $y = -4 + 2 = -2$ (не натуральное) или

$y = -4 - 2 = -6$ (не натуральное). Случаи 3 и 4дают те же результаты для x и y.

Ответ: (5;3).

Пример 59. Решить уравнение $2x^2 + 5xy - 12y^2 = 28$ в натуральных числах.
Решение.

Имеем $2x^2 + 5xy - 12y^2 - 28 = 0$.

Решим уравнение как квадратное относительно x.

$x = \frac{-5y \pm \sqrt{121y^2 + 224}}{4}$.Так как x-целое, то выражение

$121y^2 + 224$ должно быть точным квадратом.Пусть $121y^2 + 224 = m^2$; тогда $x = \frac{-5y \pm m}{4}$.

Пусть $(11y)^2 + 224 = m^2$ или $m^2 - (11y)^2 = 224$.

Представим 224 в виде произведения двух множителей одинаковой четности.

Это; $2\cdot 112; 4 \cdot 56; 8 \cdot 28; 16 \cdot 14$). Отрицательные случаи не будем рассматривать.

1 случай. $m = \frac{114}{2} = 57; 11y = \frac{112-2}{2} = 55; \ y = 5;$ тогда $x = \frac{-25+57}{4} = 8.$
Пара чисел (8;5) является решением.

2 случай. $m = \frac{60}{2} = 30; 11y = 26, y -$ не целое

3 случай. $m = \frac{36}{2} = 18; 11y = 10, y -$ не целое

4 случай. $m = \frac{30}{2} = 15; 11y = 1, y -$ не целое

Ответ: (8;5).

Пример 60. Решите уравнение $xy^2 - x^2y - x + y + 10xy = 1$ в натуральных числах.

Решение. Представим уравнение в следующем виде:

$xy(y - x) + (y - x) + 10xy = 1.$

Введем обозначения $xy = a, y - x = b.$

Тогда получаем уравнение; $ab + b + 10a = 1$, отсюда $ab = 1 - b - 10a.$

Обозначим $1 - b - 10a = t$, тогда $b = 1 - 100 - t$. Подставим это в левую часть, то есть вместо bab. Получаем $a(1 - b - 10a) - t = 0,$

$-10a^2 + (1 - b)a - t = 0$ или

$10a^2 - (1 - b)a + t = 0$. Решим это уравнение как квадратное относительно a.

$a = \frac{1 - t \pm \sqrt{t^2 - 42t + 1}}{20}$. Так как a-натуральное, то выражение

$t^2 - 42t + 1$ должно быть точным квадратом. Пусть $t^2 - 42t + 1 = m^2$; тогда$a = \frac{1 - t \pm m}{20}$.

Решим уравнение $t^2 - 42t + 1 - m^2 = 0.$

$t = 21 \pm \sqrt{441 - 1 + m^2} = 21 \pm \sqrt{m^2 + 440};$

так как t — целое, то выражение

$m^2 + 440$ должно быть точным квадратом.

Пусть $m^2 + 440 = n^2$. Тогда $t = 21 \pm n$. Представим 440 в виде произведения двух множителей одинаковой четности. Это; $4 \cdot 110; 10 \cdot 44; 20 \cdot 22; 2 \cdot 220.$ Рассмотрим эти случаи. Вычислим *п и т*.

1 случай. $n = \frac{114}{2} = 57; m = \frac{100}{2} = 53;$ Тогда $t = 21 + 57 = 78$

или $t = 21 - 57 = -36.$

Если $t = 78$, $a = \frac{1 - 78 + 53}{20} = \frac{-24}{20}$ (не целое) или $a = \frac{1 - 78 - 53}{20}$ (не натуральное).

Если $t = -36$, $a = \frac{1 + 36 + 53}{20} = \frac{90}{20}$ (не целое) или $a = \frac{1 + 36 - 53}{20}$ (не целое).

2 случай. $n = \frac{54}{2} = 27; m = \frac{34}{2} = 17;$ тогда $t = 21 + 27 = 48$

или $t = 21 - 27 = -6.$

Если $t = 48$, $a = \frac{1 - 48 + 17}{20} = $ (не целое) или $a = \frac{1 - 48 - 17}{20}$ (не целое).

Если $t = -6$, $a = \frac{1 + 6 + 17}{20} = \frac{24}{20}$ (не целое) .

3 случай. $n = \frac{42}{2} = 21; m = \frac{2}{2} = 1;$ Тогда $t = 21 + 21 = 42$

или $t = 21 - 21 = 0.$

Если $t = 42$, $a = \frac{1 - 42 + 1}{20} = $ (не целое) или $a = \frac{1 - 42 - 1}{20}$ (не целое).

Если $t = 0$, $a = \frac{1 - 42}{20}$ (не целое).

4 случай. $n = \frac{222}{2} = 111; m = \frac{218}{2} = 109;$ Тогда $t = 21 + 111 = 132$

или $t = 21 - 111 = -90.$ Если $t = 132,$ $a = \frac{1-132+109}{20} =$ (не целое) или

$a = \frac{1-132-109}{20}$ (не натуральное). Если $t = -90,$ $a = \frac{1+90+109}{20} = 10$

или $a = \frac{1+90-109}{20}$ (не целое). Итак, $a = 10,$ вычилим b;

$b = 1 - 10 \cdot 10 + 90 = -9.$

Пара чисел (10;-9) является решением уравнения.

Получаем систему $\begin{cases} xy = 10 \\ y - x = -9 \end{cases}$

Решим данную систему.

Имеем $x = y + 9.$ Подставим это выражение в первое уравнение системы.

Получаем: $(y + 9)y = y^2 + 9y - 10 = 0.$ Отсюда $y = \frac{-9 \pm \sqrt{81+40}}{2} = \frac{-9 \pm 11}{2}$;

$y = \frac{-9-11}{2} = -10$ (не натуральное) или $y = \frac{-9+11}{2} = 1.$

Если $y = 1,$ то $x = 10.$

Ответ: (10;1).

Пример 61. Решить в целых числах уравнение $13x^2 + 7y^2 + 11 = x^2 y^2.$

Решение. Введем обозначения $x^2 = a, y^2 = b.$

Тогда получаем уравнение $13a + 7b + 11 = ab,$ отсюда $ab = 1 - b - 10a.$

Обозначим $1 - b - 10a = t.$ Обозначим $13a + 7b + 11 = t.$ Выразим

b через $a.$ $b = \frac{t-11-13a}{7}.$ Подставим это в правую часть нашего

уравнения. Получаем $\frac{a(t-11-13a)}{7} = t$;

$at - 13a^2 - 11a - 7t = 0$ или $13a^2 + (11 - t)a + 7t = 0.$

Решим полученное уравнение.

$a = \frac{t-11 \pm \sqrt{t^2-22t+121-364}}{26} = \frac{t-11 \pm \sqrt{t^2-386t+121}}{26}.$ Так как a-целое, то выражение

$t^2 - 386t + 121$ должно быть точным квадратом. Пусть $t^2 - 386t + 121 = m^2$; тогда $a = \frac{t-11 \pm m}{26}.$

Решим уравнение $t^2 - 386t + 121 - m^2 = 0.$ $t = 193 \pm \sqrt{m^2 + 37128}$;

Так как t – целое, то выражение $m^2 + 37128$

должно быть точным квадратом.

Пусть $m^2 + 37128 = n^2.$ Тогда $t = 193 \pm n.$ Имеем $n^2 - m^2 = 37128.$

Представим 37128 в виде произведения двух множителей одинаковой четности.

Это; $2 \cdot 18564; 4 \cdot 9282; 6 \cdot 6188; 12 \cdot 3094; 14 \cdot 2652; 42 \cdot 884; 84 \cdot 442;$

$52 \cdot 714; 182 \cdot 204; 238 \cdot 156; 476 \cdot 78; 364 \cdot 102; 26 \cdot 1428; 68 \cdot 546; 34 \cdot 1092.$

Рассмотрим все случаи. Вычислим n и $m.$

1 случай. $n = \frac{18566}{2} = 9283$; $m = \frac{18562}{2} = 9281$; Тогда $t = 193 + 9283 = 9476$

или $t = 193 - 9283 = -9090$. Если $t = 9476$,

$a = \frac{9476-11+9281}{26} = 721$ (не точный квадрат)

или $a = \frac{9476-11-9281}{26}$ (не целое).

Если $t = -9090$, $a = \frac{-9090-11+9281}{26}$ (не целое).

2 случай. $n = \frac{9286}{2} = 4643$; $m = \frac{9278}{2} = 4639$; Тогда $t = 193 + 4643 = 4836$

или $t = 193 - 4643 = -4450$. Если $t = 4836$,

$a = \frac{4836-11+4639}{26} = 364$ (не точный квадрат)

или $a = \frac{4836-11-4639}{26} = \frac{186}{26}$ (не целое).

Если $t = -4450$, $a = \frac{-4450-11+4639}{26}$ (не целое).

3 случай. $n = \frac{6194}{2} = 3097$; $m = \frac{6182}{2} = 3091$; Тогда $t = 193 + 3097 = 3290$

или $t = 193 - 3097 = -2904$. Если $t = 3290$,

$a = \frac{3290-11+3091}{26} = 245$ (не точный квадрат)

или $a = \frac{3290-11-3091}{26} = \frac{198}{26}$ (не целое).

Если $t = -2904$, $a = \frac{-2904-11+3091}{26}$ (не целое).

4 случай. $n = \frac{3106}{2} = 1553$; $m = \frac{3082}{2} = 1541$;

Тогда $t = 193 + 1553 = 1646$ или

$t = 193 - 1553 = -1360$. Если $t = 1646$, $a = \frac{1646-11+1541}{26}$ (не целое)

или $a = \frac{1646-11-1541}{26} = \frac{198}{26}$ (не целое).

Если $t = -1360$, $a = \frac{-1360-11+1541}{26}$ (не целое).

5 случай. $n = \frac{2666}{2} = 1333$; $m = \frac{2638}{2} = 1319$; Тогда $t = 193 + 1333 = 1526$

или $t = 193 - 1333 = -1140$. Если $t = 1526$, $a = \frac{1526-11+1319}{26}$ (не целое)

или $a = \frac{1526-11-1319}{26} = 6$ (не точный квадрат).

Если $t = -1140$, $a = \frac{-1140-11+1319}{26}$ (не целое).

6 случай. $n = \frac{884+42}{2} = \frac{926}{2} = 463$; $m = \frac{884-42}{2} = \frac{842}{2} = 421$;

Тогда $t = 193 + 463 = 656$ или $t = 193 - 463 = -270$. Если $t = 656$,

$a = \frac{656-11+421}{26} = \frac{246}{26}$ (не целое)

или $a = \frac{656-11+421}{26} = \frac{656+410}{26} = \frac{1066}{26}$ (не целое).

Если $t = -270$, $a = \frac{-270-11+421}{26}$ (не целое).

7 случай. $n = \frac{526}{2} = 263$; $m = \frac{358}{2} = 179$; Тогда $t = 193 + 263 = 450$

или $t = 193 - 263 = -70$. Если $t = 450$, $a = \frac{450-11+179}{26}$ (не целое)

или $a = \frac{450-11-179}{26}$ (не целое).

Если $t = -70$, $a = \frac{-70-11+179}{26} = \frac{98}{26}$ (не целое).

8 случай. $n = \frac{766}{2} = 383$; $m = \frac{662}{2} = 331$; Тогда $t = 193 + 383 = 576$

или $t = 193 - 383 = -190$. Если $t = 576$, $a = \frac{576-11+331}{26}$ (не целое)

или $a = \frac{576-11-331}{26} = 9$. Тогда $b = \frac{576-13 \cdot 9-11}{7} = \frac{448}{7} = 64$.

Отсюда $x^2 = 9$; $x = \pm 3$; $y^2 = 64$; $y = \pm 8$.

Если $t = -190$, $a = \frac{-190-11+331}{26} = 5$ (не точный квадрат).

9 случай. $n = \frac{386}{2} = 193$; $m = \frac{22}{2} = 11$; Тогда $t = 193 + 193 = 386$ или $t = 0$.

Если $t = 386$, $a = \frac{386-11+11}{26}$ (не целое)

или $a = \frac{386-22}{26} = 14$ (не точный квадрат).

Если $t = 0$, $a = 0$; Тогда $b = 0$. Для решения не подходят.

10 случай. $n = \frac{394}{2} = 197$; $m = \frac{82}{2} = 41$; Тогда $t = 193 + 197 = 390$

или $t = 193 - 197 = -4$. Если $t = 390$, $a = \frac{390-11+41}{26}$ (не целое)

или $a = \frac{390-52}{26} = 13$ (не точный квадрат).

Если $t = -4$, $a = \frac{-4-11+41}{26} = 1$; $b = \frac{-4-11-13 \cdot 1}{7}$ (отрицательное).

11 случай. $n = \frac{554}{2} = 277$; $m = \frac{398}{2} = 199$; Тогда $t = 193 + 277 = 470$

или $t = 193 - 277 = -84$. Если $t = 470$, $a = \frac{470-11+199}{26}$ (не целое)

или $a = \frac{470-11-199}{26} = 10$ (не точный квадрат).

Если $t = -84$, $a = \frac{-84-11+199}{26} = 4$; $b = \frac{-84-11-13 \cdot 4}{7}$ (отрицательное).

12 случай. $n = \frac{466}{2} = 433$; $m = \frac{262}{2} = 131$; Тогда $t = 193 + 433 = 626$

или $t = 193 - 433 = -240$. Если $t = 626$, $a = \frac{626-11+131}{26} = \frac{746}{26}$ (не целое)

или $a = \frac{626-11-131}{26} = 13$ (не целое).

Если $t = -240$, $a = \frac{-240-11+131}{26}$ (отрицательное).

13 случай. $n = \frac{1454}{2} = 727$; $m = \frac{1402}{2} = 701$; Тогда $t = 193 + 727 = 920$

или $t = 193 - 727 = -534$. Если $t = 920$, $a = \frac{920-11+701}{26}$ (не целое)

или $a = \frac{920-11-701}{26} = 13$ (не целое),

Если $t = -534$, $a = \frac{-534-11+701}{26} = 6$(не точный квадрат).

14 случай. $n = \frac{546+68}{2} = 307; m = 239;$ Тогда $t = 193 + 307 = 500$

или $t = 193 - 307 = -114$. Если $t = 500$,

$a = \frac{500-11+239}{26} = 208$ (не точный квадрат)

или $a = \frac{500-11-239}{26} = \frac{250}{26}$ (не целое).

Если $t = -114$, $a = \frac{-114-11+239}{26}$ (не целое).

15 случай. $n = 563; m = 529;$ Тогда $t = 193 + 563 = 756$

или $t = 193 - 563 = -370$. Если $t = 756$, $a = \frac{756-11+529}{26}$ (не целое)

или $a = \frac{756-11-529}{26}$ (не целое).

Если $t = -370$, $a = \frac{-370-11+529}{26}$.

Ответ: (-3;-8), (-3;8),(3;-8),(3;8).

Пример 62. Решите в целых числах уравнение $3x^2 = y^2 + 2xy + 7$

Решение. Представим уравнение в следующем виде

$y^2 + 2xy - 3x^2 + 7 = 0$. Решим уравнение как квадратное относительно y.

$y = -x \pm \sqrt{x^2 + 3x^2 - 7} = -x \pm \sqrt{4x^2 - 7}$; Так   как y-целое,   то выражение $4x^2 - 7$ должно быть точным квадратом.   Пусть $4x^2 - 7 = m^2$;. Тогда $y = -x \pm m$.

Имеем $(2x)^2 - m^2 = 7$. Представим 7 в виде произведения двух множителей одинаковой четности. Это: $7 \cdot 1$.

Найдем x и m.

$2x = \frac{7+1}{2} = 4; x = 2; m = \frac{7-1}{2} = 3;$ тогда $y = -2 \pm 3$;

$y = -5; y = 1;$ так x удовлетворяет и $-2; y = 2 + 3 = 5;$

$y = 2 - 3 = -1$.

Ответ: $(2; -5), (2; 1), (-2; 5), (-2; -1)$.

Пример 63. Решите в целых числах уравнение$3y^2 = x^2 + 2xy + 7$

Решение. Представим уравнение в следующем виде

$x^2 + 2xy - 3y^2 + 7 = 0$. Решим уравнение как квадратное относительно x.

$x = -y \pm \sqrt{y^2 + 3y - 7} = -y \pm \sqrt{4y^2 - 7}$; Так   как x-целое,   то выражение $4y^2 - 7$ должно быть точным квадратом.

Пусть $4y^2 - 7 = m^2$; или $(2y)^2 - m^2 = 7$.

Тогда $x = -y \pm m$. Представим 7 в виде произведения двух множителей одинаковой четности. Это: $7 \cdot 1$.

Найдем $2y$ и m.

$2y = \frac{7+1}{2} = 4; y = 2; m = \frac{7-1}{2} = 3$; тогда $x = -2 + 3 = 1$; или $x = -5$;

так y удовлетворяет и -2; $\left($получаемое из $\frac{-7-1}{2} = -4\right)$,

тогда $x = 2 + 3 = 5; x = -1$.

Пары чисел (-5;2),(1;2),(5;-2),(-1;-2) являются решениями.

Ответ: (-5;2),(1;2),(5;-2),(-1;-2).

Пример 64. Решить уравнение $2x^2 - xy - y^2 + 2x + 7y = 84$ в натуральных числах.

 Решение. Представим уравнение в виде квадратного трехчлена

$2x^2 - xy - y^2 + 2x + 7y - 84 = 2x^2 - (y-2)x - y^2 + 7y - 84 = 0$.

Решим уравнение как квадратное относительно x.

$x = \frac{y-2 \pm \sqrt{9y^2 - 60y + 676}}{4}$; Так как x-целое, то выражение

$9y^2 - 60y + 676$ должно быть точным квадратом.

Пусть $9y^2 - 60y + 676 = m^2$; Тогда $x = \frac{y-2 \pm m}{4}$;

Решим уравнение $9y^2 - 60y + 676 - m^2 = 0$.

$y = \frac{30 \pm \sqrt{900 - 9 \cdot 676 + 9m^2}}{9} = \frac{30 \pm 3\sqrt{m^2 - 576}}{9} = \frac{10 \pm \sqrt{m^2 - 576}}{3}$;

Так как y-целое, то выражение $m^2 - 576$ должно быть точным квадратом.

Пусть $m^2 - 576 = n^2$; или $m^2 - n^2 = 576$; Тогда $y = \frac{10 \pm n}{3}$;

Представим 576 в виде произведения двух множителей одинаковой четности.

Это: $2 \cdot 288; 4 \cdot 144; 8 \cdot 72; 16 \cdot 36; 32 \cdot 18; 24 \cdot 24; 12 \cdot 48; 6 \cdot 96$.

Произведения с отрицательными множителями не будем рассматривать.

Рассмотрим все случаи.

1 случай. $m = \frac{288+2}{2} = 145; n = \frac{288-2}{2} = 143$; Тогда $y = \frac{10 \pm 143}{3}$;

$y = 51$ или $x = \frac{51-2+145}{4}$ (не целое).

2 случай. $m = \frac{144+4}{2} = 74; n = \frac{144-4}{2} = 70$; Тогда $y = \frac{10+70}{3}$ (не целое).

3 случай. $m = \frac{72+8}{2} = 40; n = \frac{72-8}{2} = 32$; Тогда $y = \frac{10+32}{3} = 14$;

$x = \frac{14-2+40}{4} = 13$. Пара чисел (13;14) является решением.

4 случай. $m = \frac{36+16}{2} = 26; n = \frac{36-16}{2} = 10;$ Тогда $y = \frac{10\pm10}{3}$ (не натуральное).

5 случай. $m = \frac{32+18}{2} = 25; n = \frac{32-18}{2} = 7;$ Тогда $y = \frac{10+7}{3}$ (не натуральное)

или $y = \frac{10-7}{3} = 1,$ тогда $x = \frac{1-2+25}{4} = 6.$

Пара чисел (6;1) является решением.

6 случай. $m = \frac{24+24}{2} = 24; n = \frac{24-24}{2} = 0;$ Тогда $y = \frac{10\pm0}{3}$ (не натуральное).

7 случай. $m = \frac{48+12}{2} = 30; n = \frac{48-12}{2} = 18;$ Тогда $y = \frac{10\pm18}{3}$ (не натуральное).

8 случай. $m = \frac{96+6}{2} = 51; n = \frac{96-6}{2} = 45;$ Тогда $y = \frac{10\pm45}{3}$ (не натуральное).

Ответ: (-13;14),(6;1).

Пример 65. Решите в натуральных числах уравнение

$(x + y)^2 - (x + y) - 2x = 150.$

Решение. Представим уравнение в следующем виде:

$x^2 + 2xy + y^2 - x - y - 2x - 150 = 0; x^2 + 2xy + y^2 - 3x - y - 150 = 0.$

Далее $x^2 + (2y - 3)x + y^2 - y - 150 = 0.$

Решим уравнение как квадратное относительно $x.$

$x = \frac{3-2y\pm\sqrt{9-8y+600}}{2};$ Так как x-целое, то выражение

$609 - 8y$ должно быть точным квадратом.

Так как $609 - 8y \geq 0, 8y \leq 609.$ Пусть $609 - 8y = m^2; 609 - m^2 = 8y$

Так как $8y$-четное, то m^2 − нечетно.

Тогда m^2 принимает значения;1;9;25;49;81;121;169;225;289;361;441;529.

Найдем $y.$

1. $8y = 608, y = 76, x = \frac{3-2\cdot76\pm1}{2}$ (отрицательно).

2. $8y = 600, y = 75, x = \frac{3-2\cdot75\pm3}{2}$ (отрицательно).

3. $8y = 584, y = 73, x = \frac{3-2\cdot73\pm5}{2}$ (отрицательно).

4. $8y = 560, y = 70, x = \frac{3-2\cdot70\pm7}{2}$ (отрицательно).

5. $8y = 108, y = 66, x = \frac{3-2\cdot66\pm9}{2}$ (отрицательно).

6. $8y = 488, y = 61, x = \frac{3-2\cdot61\pm11}{2}$ (отрицательно).

7. $8y = 440, y = 55, x = \frac{3-2\cdot55\pm13}{2}$ (отрицательно).

8. $8y = 384, y = 48, x = \frac{3-2\cdot48\pm15}{2}$ (отрицательно).

9. $8y = 320, y = 40, x = \frac{3-2\cdot40\pm17}{2}$ (отрицательно).

10. $8y = 248, y = 31, x = \frac{3-2\cdot31\pm19}{2}$ (отрицательно).

11. $8y = 168, y = 21, x = \frac{3-2\cdot21\pm21}{2}$ (отрицательно).

$12.8y = 80, y = 10, x = \frac{3-2\cdot10\pm23}{2}; x = \frac{3-2\cdot10+23}{2} = \frac{26-20}{2} = 3.$

Итак, пара чисел $(3;10)$ является решением.

Ответ: (3;10).

Пример 66. Решить в целых числах уравнение $xy^2 - 7(x+y)^2 = 1.$

Решение. Введем обозначения $y^2 =$

$a,$ и представим уравнение в следующем виде:

$xy^2 - 7x - 7y^2 = ax - 7x - 7a = 1;$

$ax = 7x + 7a + 1.$ Обозначим $7x + 7a + 1$ через $t.$ Выразим a через $t;$

$a = \frac{t-1-7x}{7}.$ Подставим это выражение вместо a в выражение $ax.$

Получим $(t - 1 - 7x)x - 7t = 0$ или $-7x^2 + (t-1)x - 7t = 0.$

$7x^2 - (t-1)x + 7t = 0.$

Решим уравнение как квадратное относительно x. $x = \frac{t-1\pm\sqrt{t^2-198t+1}}{14};$

Так как x-целое, то выражение

$t^2 - 198t + 1$ должно быть точным квадратом.

Пусть $t^2 - 198t + 1 = m^2;$ тогда $x = \frac{t-1\pm m}{14};$

Решим уравнение $t^2 - 198t + 1 - m^2 = 0.$

$t = 99 \pm \sqrt{m^2 + 9800};$ Так как t-целое, то выражение

$m^2 + 9800$ должно быть точным квадратом.

Пусть $m^2 + 9800 = n^2;$ или $n^2 - m^2 = 9800;$ тогда $t = 99 \pm n;$ Представим 9800 в виде произведения двух множителей одинаковой четности.

Это: $98\cdot 100; 196\cdot50; 980\cdot10; 2\cdot4900; 4\cdot2450; 140\cdot70; 2\cdot490; 350\cdot28.$

Рассмотрим все случаи и вычислим n и m.

1. $n = \frac{198}{2} = 99, m = \frac{100-98}{2} = 1;$ Тогда $t = 99 - 99 = 0, t = 99 + 99 = 198;$

$x = \frac{0-1-1}{14} = -\frac{1}{7}$ (не целое)., или $x = \frac{0-1+1}{14} = 0; a = \frac{0-1-0}{7} = 0;$

$y = 0.$ Пара чисел $(0;0)$ не является решением.

Если $t = 198, x = \frac{198-1-1}{14} = 14, a = \frac{198-1-98}{7} = \frac{99}{7}$ (не целое)

или $a = \frac{198-1+98}{7}$ (не целое). $n = \frac{196+50}{2} = \frac{244}{2} = 122,$

$m = \frac{196-50}{2} = \frac{146}{2} = 73;$ Тогда $t = 99 - 122 = -23,$

$t = 99 + 122 = 221;$ Если $t = -23; x = \frac{-23-1+73}{14} = \frac{49}{14}$ (не целое), или

$x = \frac{-23-1-73}{14} = -\frac{97}{14}$ (не целое). Если $t = 221; x = \frac{221-1-73}{14}$ (не целое)

или $x = \frac{221-1+73}{14} = 21$. Тогда $y = \frac{221-1-7\cdot21}{7}$ (не целое).

2. $n = \frac{980+10}{2} = \frac{990}{2} = 495, m = \frac{970}{2} = 485$; Тогда $t = 99 - 495 = -396$,

$t = 99 + 495 = 594$; Если $t = -396$; $x = \frac{-396-1+485}{14} = \frac{88}{14}$ (не целое),

или $x = \frac{-396-1-485}{14} = -63$; $a = \frac{-396-7(-63)}{7}$ (не целое).

Если $t = 594$; $x = \frac{594-1-485}{14}$ (не целое) или $x = \frac{594-1+485}{14}$ (не целое).

3. $n = \frac{4900+2}{2} = \frac{4902}{2} = 2451, m = \frac{4898}{2} = 2448$;

Тогда $t = 99 - 2451 = -2352$, $t = 99 + 2451 = 2550$;

Если $t = -2352$; $x = \frac{-2352-1+2448}{14}$ (не целое),

или $x = \frac{-2352-1-2448}{14}$ (не целое). Если $t = 2550$;

$x = \frac{2550-1+2448}{14}$ (не целое) или $x = \frac{2550-1-2448}{14}$ (не целое).

4. $n = \frac{2450+4}{2} = \frac{2454}{2} = 1227, m = \frac{2446}{2} = 1223$;

Тогда $t = 99 - 1227 = -1128$, $t = 99 + 1227 = 1326$;

Если $t = -1128$; $x = \frac{-1128-1+1223}{14}$ (не целое),

или $x = \frac{-1128-1-1223}{14} = -168$;

тогда $a = \frac{-1128+7\cdot168}{7}$ (не целое).

Если $t = 1326$; $x = \frac{1326-1+1223}{14} = 182$;

$a = \frac{1326-1-7\cdot182}{7}$ (не целое) или $x = \frac{1326-1-1223}{14}$ (не целое).

6. $n = \frac{140+70}{2} = \frac{210}{2} = 105, m = \frac{70}{2} = 35$; Тогда $t = 99 - 105 = 6$,

$t = 99 + 105 = 204$; Если $t = -6$; $x = \frac{-6-1+35}{14} = 2$,

$a = \frac{-6-1-7\cdot2}{7} = -3$; $a = y^2 \neq -3$, или $x = \frac{-6-1-35}{14} = -3$;

Тогда $a = \frac{-6-1-7(-3)}{7} = 2$ (не точный квадрат).

Если $t = 204$; $x = \frac{204-1+35}{14} = \frac{238}{14} = 17$;

$a = \frac{204-1-7\cdot17}{7} = 17$(не точный квадрат)

или $x = \frac{204-1-35}{14} = 12$. $a = \frac{204-1-7\cdot12}{7} = 17$(не точный квадрат).

7. $n = \frac{490+20}{2} = \frac{510}{2} = 255, m = \frac{490-20}{2} = \frac{470}{2} = 235$;

тогда $t = 99 - 255 = -156$,

$t = 99 + 255 = 354$; Если $t = -156$; $x = \frac{-156-1-235}{14} = -28$,

тогда $a = \frac{-156-1+7(-28)}{7} = \frac{97}{14}$ (не целое) или $x = \frac{-156-1+235}{14}$ (не целое);

Если $t = 354$; $x = \frac{354-1+235}{14}$ (не целое) или $x = \frac{354-1-235}{14}$.

8. $n = \frac{350+28}{2} = \frac{378}{2} = 189$, $m = \frac{350-28}{2} = \frac{322}{2} = 161$;

Тогда $t = 99 + 189 = 288$, $t = 99 - 189 = -90$; Если $t = 288$;

$x = \frac{288-1+161}{14} = \frac{448}{14} = 32$, тогда $a = \frac{288-1-7 \cdot 32}{7} = 9$, то есть $y^2 = 9$;

$y = \pm 3$ или $x = \frac{288-1-161}{14}$ (не целое);

Если $t = -90$; $x = \frac{-90-1\pm161}{14}$ (не целое).

Ответ: (32;-3), (32;3).

Пример 67. Решите в целых числах уравнение $5(x^2 + y^2 - 1) = 8xy$
Решение. Представим уравнение в следующем виде
$5x^2 + 5y^2 - 5 - 8xy = 0$; $5x^2 - 8xy + 5y^2 - 5 = 0$
Решим уравнение как квадратное относительно x.
$x = \frac{4y \pm \sqrt{16y^2-25y^2+25}}{5} = \frac{4y \pm \sqrt{-25y^2+25}}{5} = \frac{4y \pm 5\sqrt{1-y^2}}{5}$; Так как x-целое, то
выражение $1 - y^2$ должно быть точным квадратом.
Это возможно если $y = 0$ или $y = \pm 1$.
Если $y = 0$; $x = \frac{\pm 5}{5} = \pm 1$. Пары чисел (-1;0), (1;0) являются решением.
Если $y = -1$; $x = \frac{-4 \pm 0}{5}$ (не целое). Если $y = 1$; $x = \frac{4 \pm 0}{5}$ (не целое)
Ответ: (-1;0),(1;0).

Пример 68. Решите в целых числах уравнение $x^2 - xy + y^2 = z^2$, $xyz > 0$.
Решение.
Имеем $x^2 - yx + y^2 - z^2 = 0$;
Решим уравнение как квадратное относительно x.
$x = \frac{y \pm \sqrt{y^2-4y^2+4z^2}}{2} = \frac{y \pm \sqrt{-3y^2+4z^2}}{2}$; Так как x-целое, то выражение
$-3y^2 + 4z^2$ должно быть точным квадратом. Пусть $(2z)^2 - 3y^2 = m^2$.
Тогда $x = \frac{y \pm m}{2}$.

Так как любое натуральное число $d = ab$, представим в виде:

$\left(\frac{a+b}{2}\right)^2 - \left(\frac{a-b}{2}\right)^2 = ab$, где $d \neq 8r + 6$ или $d \neq 8r + 2$.

Возьмем вместо y любое натуральное число. Тогда представив $3y^2$ в виде произведения двух множителей одинаковой четности и использовав *,

получим z, m, x. Например: $y = 2$, тогда $3y^2 = 12$. Представим 12 в виде произведения двух множителей одинаковой четности. Это; $6 \cdot 2$.

Тогда $\quad 2z = \frac{6+2}{2} = 4; z = 2; m = \frac{6-2}{2} = 2; x = \frac{2 \pm 2}{2}; x = 2; x = 0$ (не подходит).

Значит, тройка чисел (2;2;2) является решением. Пусть $y = 3$, тогда $3y^2 = 27$. Представим 27 в виде произведения двух множителей одинаковой четности. Это; $9 \cdot 3; 27 \cdot 1$.

1 случай. $2z = \frac{9+3}{2} = 6; z = 3; m = \frac{9-3}{2} = 3; x = \frac{3+3}{2} = 3$.

Тройка чисел (3;3;3) является решением.

2 случай. $2z = \frac{27+1}{2} = 14; z = 7; m = \frac{27-1}{2} = 13; x = \frac{3+13}{2} = 8$.

Тройка чисел (8;3;7) является решением. Таким образом можно найти бесконечное множество решений данного уравнения.

Ответ: $y \in z; z = \frac{a+b}{2}; x = \frac{y \pm m}{2}$; где $m = \frac{a-b}{2}; a$ и b делители числа $3y^2$.

Пример 69. Доказать, что уравнение $x^2 - y^2 = 2xyz$ не имеет решений в целых числах, кроме $z = 0$.

Доказательство: решим уравнение $\quad x^2 - 2xyz - y^2 = 0$ как квадратное относительно x.

$x = yz \pm \sqrt{y^2z^2 + y^2} = yz \pm \sqrt{y^2(z^2 + 1)} = yz \pm y\sqrt{z^2 + 1}$. Так как -целое, то выражение $z^2 + 1$ должно быть точным квадратом.

Пусть $\quad z^2 + 1 = m^2$. Тогда $x = yz \pm ym = y(z \pm m)$. Имеем $\quad m^2 - z^2 = 1$. Представим 1 в виде произведения двух множителей одинаковой четности. Это; $1 \cdot 1$. Найдем m и z.

$m = \frac{1+1}{2} = 1; z = \frac{1-1}{2} = 0$. Тогда $x = y$ или $x = -y$.

Других z нет. Что и требовалось доказать.

Пример 70. Доказать, что уравнение $x^2 + 4x - 8y - 11 = 0$ не имеет решений в целых числах.

Доказательство: решим уравнение $\quad x^2 + 4x - 8y - 11 = 0$ как квадратное относительно x.

$x = -2 \pm \sqrt{4 + 8y + 11} = -2 \pm \sqrt{8y + 15}$. Так как x -целое, то выражение $8y + 15$ должно быть точным квадратом. Пусть $8y + 15 = m^2$.

$y = \frac{m^2 - 15}{8}$. Чтобы $m^2 - 15$ делилось на 8, надо чтобы m^2 и 15 давали одинаковые остатки, то есть 7. Но любой точный квадрат при делении на 8 дает остатки; 0;1;4, но не 7. Поэтому, не при каких m, y не является целым числом. То есть уравнение целых корней не имеет. Что и требовалось доказать.

Пример 71. Решите в целых числах уравнение $2xy + 4z = z(x^2 + 4y^2)$

Решение. Представим уравнение в следующем виде

$zx^2 - 2xy - 4zy^2 - 4z = 0$.

Решим уравнение как квадратное относительно x.

$x = \frac{y \pm \sqrt{y^2 - 4z^2y^2 + 4z^2}}{z}$; Так как x-целое, то выражение

$y^2 - 4z^2y^2 + 4z^2$ должно быть точным квадратом. Это   возможно   в следующих случаях.

1. $y = 0; z = 0$.

Тогда подставляя y и z в первоначальное уравнение, получаем

$2x \cdot 0 + 4 \cdot 0 = 0(x^2 + 4 \cdot 0)$.

Это уравнение верно для любого x. то есть $x \epsilon z$.

Тройка чисел $(x; 0; 0)$является решением.

2. $y = 1; z = 0$. Тогда подставляя y и z в первоначальное уравнение, получаем

$2x + 4 \cdot 0 = 0(x^2 + 4)$.

Отсюда следует, что $x = 0$. Тройка чисел $(0; 1; 0)$ является решением.

Если $y = 1; z = 0$, то получаем $-2x + 4 \cdot 0 = 0(x^2 + 4)$;

$x = 0$, то есть тройка чисел $(0; -1; 0)$является решением.

3. $y = \pm1; z = \pm1$. Если $y = 1; z = -1$, $2x - 4y = -1(x^2 + 4)$;

$2x - 4 = -x^2 - 4$; $x = 0$.

Тройка чисел $(0; 1; -1)$является решением.

Если $y = 1; z = 1$, $2x + 4 = (x^2 + 4); x^2 - 2x = 0$; $x = 0$;

$x = 2$. Тройки чисел $(0; 1; 1)$ и $(2; 1; 1)$ являются решением.

Если $y = -1; z = -1$, $-2x - 4 = -(x^2 + 4); x^2 - 2x = 0$; $x = 0$;

$x = 2$. Тройки чисел $(0; -1; -1)$ и $(2; -1; -1)$ являются решением.

Если $y = -1; z = 1$, $-2x + 4 = x^2 + 4; x^2 + 2x = 0$; $x = 0$;

$x = -2$. Тройки чисел $(0; -1; 1)$ и $(-2; -1; 1)$ являются решением.

При $z = \pm1$ имеем $y^2 - 4y^2 + 4$; $-3y^2 + 4$. Так как $x -$ целое,

то $-3y^2 + 4$ должно быть точным квадратом. Это возможно при $y = 0$;

$y = \pm1$. Если $y = 0; z = 1$, $x = \frac{0 \pm 2}{2}$; $x = 2$;

$x = -2$. Тройки чисел $(-2; 0; 1)$ и $(2; 0; 1)$ являются решением.

Если $y = 1$; $x = \frac{0 \pm 2}{-1}$; $x = 2$;

$x = -2$. Тройки чисел $(2; 0; -1)$ и $(-2; 0; -1)$ являются решением.

Если $y = 1; z = 1, x = \frac{1 \pm 1}{1}$; $x = 2$;

$x = 0$. Тройки чисел $(2; 1; 1)$ и $(0; 1; 1)$ являются решением.

Если $y = 1; z = -1, x = \frac{1 \pm 1}{-1}; x = -2$;

$x = 0$. Тройки чисел $(-2; 1; -1)$ и $(0; 1; -1)$ являются решением.

Если $y = 0$, то дискриминант равен $0 - 4 \cdot 0z^2 + 4z^2 = 4z^2$.

Тогда $x = \frac{0 \pm 2z}{z} = \pm 2$. Z принимает любые значения. Тогда тройки чисел $(2;0;z)$ и $(-2;0;z)$ являются решениями данного уравнения. Докажем, что при $y > 1$ уравнение решений не имеет.

Сравним $y^2 + 4z^2$ и $4z^2 y^2$. При $y = z = 0$ эти выражения равны.

При $y \neq 0, z = 0$.

$y^2 > 0$; При $y = 1; z = 1, y^2 + 4z^2 > 4z^2 y^2$. При $y > 0; z \neq 0$,

$y^2 + 4z^2 < 4z^2 y^2$. В этом случае дискриминант уравнения меньше 0.

Поэтому уравнение корней не имеет.

Ответ: (x;0;0), (0;1;0), (0;-1;0), (0;1;-1), (0;1;1), (2;1;1), (0;-1;1), (-2;-1;1), (2;0;-1), (2;1;1), (0;1;1), (-2;1;1), (0;1;-1), (2;0;z), (-2;0;z).

Пример 72. Решите уравнение $x^2 + 2xy - 10xz + 5y^2 + 34z^2 - 22yz = 0$ в целых числах

Решение. Представим уравнение в следующем виде;

$x^2 + (2y - 10z)x + 5y^2 + 34z^2 - 22yz = 0$.

$x = 5z - y \pm \sqrt{25z^2 - 10zy + y^2 - 5y^2 - 34z^2 + 22yz} = 5z - y \pm$

$\sqrt{-y^2 + 12yz - 9z^2} = 5z - y \pm \sqrt{-(2y)^2 - 12yz + (3z)^2} = 5z - y \pm$

$\sqrt{-(2y - 3z)^2}$; Так как x, z, y-целые, то выражение

$-(2y - 3z)^2$ должно быть точным квадратом.

Это возможно, если $2y - 3z = 0$ или $2y = 3z$. Тогда $x = 5z - y$. Получаем систему $\begin{cases} x = 5z - y \\ 2y = 3z \end{cases}$ (1) $\begin{cases} x + y = 5z \\ 2y = 3z \end{cases}$ (2). Из $2y = 3z$ видно, что -четное число,

то есть $z = 2p$. Отсюда $2y = 6p; y = 3p$. Из первого уравнения системы получаем $x = 5 \cdot 2p - 3p = 7p$.

Из первого уравнения системы (2) получаем $7p + 3p = 5z$. $10p = 5z; z = 2p$.

Ответ: $(7p; 3p; 2p), p \epsilon z$.

Раздел III

Решение диофантовых уравнений выше второй степени.

Пример 1. Решите в целых числах уравнение $x(x+1)(x+2) = y^2$

Решение. Очевидно, что решением этого уравнения являются пары чисел (0;0), (-1;0), (-2;0). Докажем, что других решений нет. Представляем уравнение в следующем виде:

$(x+1)(x+2) = \frac{y^2}{x}$; где $x \neq 0$. Получаем $x^2 + 3x + 2 = \frac{y^2}{x}$.

Введем обозначения $\frac{y^2}{x} = t$, или $y^2 = xt$.

Отсюда $x^2 + 3x + 2 - xt = 0$ или $x^2 + (3-t)x + 2 = 0$.

Решим это уравнение $x = \frac{3-t \pm \sqrt{9-6t+t^2-8}}{2} = \frac{3-t \pm \sqrt{t^2-6t+1}}{2}$; Так как x-целое, то выражение $t^2 - 6t + 1$ должно быть точным квадратом.

Пусть $t^2 - 6t + 1 = m^2$. Тогда $x = \frac{3-t \pm m}{2}$.

Решим уравнение $t^2 - 6t + 1 - m^2 = 0$; $t = 3 \pm \sqrt{m^2 + 8}$. Так как t-целое, то выражение $m^2 + 8$ должно быть точным квадратом.

Пусть $m^2 + 8 = n^2$ или $n^2 - m^2 = 8$.

Тогда $t = 3 \pm n$. Представим 8 в виде произведения двух множителей одинаковой четности. Это; $4 \cdot 2$. Найдем n и m.

$n = \frac{4+2}{2} = 3$; $m = \frac{4-2}{2} = 1$. Тогда $t = 3 \pm 3$; $t = 6$; $t = 0$. Если $t = 6$,

$x = \frac{3-6-1}{2} = -2$; $x = \frac{3-6+1}{2} = -1$. Вычислим y^2, $y^2 = -2 \cdot 6 = -12$;

или $y = 6(-1) = -6 < 0$. Если $t = 0$,

$x = \frac{3 \pm 0}{2}$ (не целое). Получаем, что y принимает только значение 0.

Поэтому данное уравнение других решений не имеет.

Ответ: (0;0), (-1;0), (-2;0).

Пример 2. Решите уравнение в натуральных числах $x^4 + 2x^7 y - x^{14} - y^2 = 7$.

Решение: Обозначим $x^7 = a$; Тогда $x^{14} = a^2$.

Получаем уравнение $2ay - a^2 - y^2 + x^4 - 7 = 0$

или $a^2 - 2ay + y^2 - x^4 + 7 = 0$.

Решим это уравнение, как квадратное относительно a.

$a = y \pm \sqrt{y^2 - y^2 + x^4 - 7} = y \pm \sqrt{x^4 - 7}$. Так как a – целое,

то $(x^2)^2 - 7$ должно быть точным квадратом. Пусть $(x^2)^2 - 7 = m^2$ или $(x^2)^2 - m^2 = 7$. Тогда $x = y \pm m$. Представим 7 в виде произведения двух множителей одинаковой четности. Это; $7 \cdot 1$. Найдем x и m.

$x^2 = \frac{7+1}{2} = 4$; $x = \pm 2$; $m = \frac{7-1}{2} = 3$. Если $x = 2$, $x^7 = 128 = a$;

Имеем $y \pm 3 = 128$; $y = 131$ или $y = 125$; $x = -2$ (не натуральное).

Ответ: (2;125),(2;131).

Пример 3. Решите в целых числах уравнение $x^6 + 3x^3 + 1 = y^4$

Решение: Пусть $x^3 = t$, тогдп $x^6 = t^2$.

Получаем уравнение $t^2 + 3t + 1 - y^4 = 0$.

Решим это уравнение, как квадратное относительно t.

$t = \frac{-3 \pm \sqrt{9 - 4 + 4y^4}}{2} = \frac{-3 \pm \sqrt{4y^4 + 5}}{2}$; Так как t — целое,

то выражение $4y^4 + 5$ должно быть точным квадратом.

Пусть $(2y^2)^2 + 5 = m^2$ или $m^2 - (2y^2)^2 = 5$, тогда $t = \frac{-3 \pm m}{2}$; Представим 5 в виде произведения двух множителей одинаковой четности. Это; $5 \cdot 1$. Найдем m и y.

$m = \frac{5+1}{2} = 3$; $2y^2 = \frac{5-1}{2} = 2$; $y = \pm 1$. Тогда $t = \frac{-3-3}{2} = -3$,

или $t = 0$. Отсюда $x^2 = 3$, $x = \sqrt[3]{3}$(не целое). Если $t = 0$; $x^2 = 0$; $x = 0$.

Итак, пары чисел (0;-1) и (0;1) являются решением.

Ответ: (0;-1),(0;1).

Пример 4. Решите уравнение $x(x + 1)(x + 7)(x + 8) = y^2$ в целых числах.

Решение: Представим уравнение в следующем виде;

$(x^2 + 8x)(x^2 + 8x + 7) = y^2$. Введем обозначения $x^2 + 8x = t$. Тогда имеем:

$t(t + 7) = y^2$ или $t^2 + 7t - y^2 = 0$.

Решим это уравнение, как квадратное относительно t.

$t = \frac{-7 \pm \sqrt{49 + 4y^4}}{2}$; Так как t — целое, то выражение

$(2y^2)^2 + 49$ должно быть точным квадратом. Пусть $(2y^2)^2 + 49 = m^2$ или $m^2 - (2y^2)^2 = 49$, тогда $t = \frac{-7 \pm m}{2}$; Представим 49 в виде произведения двух множителей одинаковой четности. Это; $49 \cdot 1$; $7 \cdot 7$. Рассмотри оба случая. Вычислим m и y.

1 случай. $m = \frac{49+1}{2} = 25$; $2y = \frac{49-1}{2} = 24$; $y = 12$. Тогда $t = \frac{-7 \pm 25}{2}$;

$t = -16$ или $t = 9$. Имеем $x^2 + 8x + 16 = 0$, $x = -4 \pm \sqrt{16 - 16} = -4$.

Пара чисел (-4;12) является решением. Или $x^2 + 8x = 9$, $x^2 + 8x - 9 = 0$.

$x = -4 \pm \sqrt{16 + 9} = -4 \pm 5$; $x = -9$;

$x = 1$; Пары чисел $(-9; 12)$, $(1; 12)$ являются решением.

2 случай. $m = \frac{7+7}{2} = 7$; $2y = \frac{7-7}{2} = 0$; $y = 0$. Тогда $t = \frac{-7 \pm 7}{2}$; $t = 0$ или $t = -7$.

Имеем $x^2 + 8x = 0$, $x(x + 8) = 0$; $x = -8$; $x = 0$.

Пары чисел (-8;0), (0;0) являются решением.

Или $x^2 + 8x = -7$, $x^2 + 8x + 7 = 0$. $x = -4 \pm \sqrt{16 - 7} = -4 \pm 3$; $x = -7$;

$x = -1$; Пары чисел $(-7; 0)$, $(-1; 0)$ являются решением.

Так как y принимает значение и -12, то пары чисел (-4;-12), (-9;-12), (1;-12) также являются решением.

Ответ: (-4;12), (-9;12), (1;12), (0;0), (-8;0), (-7;0), (-1;0), (-4;-12), (-9;-12), (1;-12).

Пример 5. Решите уравнение в целых числах $x^{10} + 5x^5 - y^8 - 4y^4 = 1$.

Решение: Обозначим $x^5 = a$; Тогда $y^4 = b$.

Получаем уравнение $a^2 + 5a - b^2 - 4b = 1$.

Решим это уравнение, как квадратное относительно a.

$a = \frac{-5 \pm \sqrt{25 + 4b^2 + 16b + 4}}{2} = \frac{-5 \pm \sqrt{4b^2 + 16b + 29}}{2}$. Так как a – целое, то

выражение $4b^2 + 16b + 29$ должно быть точным квадратом.

Пусть $4b^2 + 16b + 29 = m^2$, тогда $a = \frac{-5 \pm m}{2}$;

Решим уравнение $4b^2 + 16b + 29 - m^2 = 0$.

$b = \frac{-8 \pm \sqrt{4m^2 + 64 - 116}}{4} = \frac{-8 \pm \sqrt{4m^2 - 52}}{4} = \frac{-8 \pm 2\sqrt{m^2 - 13}}{4} = \frac{-4 \pm \sqrt{m^2 - 13}}{2}$.

Так как b – целое, то

выражение $m^2 - 13$ должно быть точным квадратом.

Пусть $m^2 - 13 = n^2$, или $m^2 - n^2 = 13$, тогда $b = \frac{-4 \pm m}{2}$. Представим 13 в виде

произведения   двух   множителей   одинаковой   четности.   Это; $13 \cdot 1$.

Вычислим m и n.

$m = \frac{13 + 1}{2} = 7; n = \frac{13 - 1}{2} = 6. b = \frac{4 \pm 6}{2}; b = \frac{-4 - 6}{2} = -5$ или $\frac{-4 + 6}{2} = 1$;

$b = -5$ не подходит для решения, так как $b \geq 0$; Итак $b = 1$. Тогда $a = \frac{-5 \pm 7}{2}$;

$a = \frac{-5 + 7}{2} = 1$. Имеем $x^5 = 1; x = 1; y^4 = 1; y = \pm 1$.

Ответ: (1;1),(1;-1).

Пример 6. Решите уравнение в целых числах

$5x^4 - 40x^2 + 2y^6 - 32y^3 = -208$.

Решение: Обозначим x^2 через a; y^3 через b.

Получаем уравнение $5a^2 - 40a + 2b^2 - 32b + 208 = 0$.

Решим это уравнение, как квадратное относительно a.

$a = \frac{20 \pm \sqrt{400 - 10b^2 + 160b - 1040}}{5} = \frac{20 \pm \sqrt{-10b^2 + 160b - 640}}{5}$. Так как a – целое, то

выражение $-10b^2 + 160b - 640$ должно быть точным квадратом.

Пусть $-10b^2 + 160b - 640 = m^2$, тогда $a = \frac{20 \pm m}{5}$;

Решим уравнение $-10b^2 + 160b - 640 - m^2 = 0$ или

$10b^2 - 160b + 640 + m^2 = 0$ как квадратное относительно b.

$b = \frac{80 \pm \sqrt{6400 - 6400 - 10m^2}}{10} = \frac{80 \pm \sqrt{-10m^2}}{10}$. Так как b – целое, то выражение

$-10m^2$ должно быть точным квадратом. Это возможно, если $m = 0$.

Тогда $b = \frac{80 \pm 0}{10} = 8$, то есть $y^2 = 8; y = 2$. Найдем a; $a = \frac{20 \pm 0}{5} = 4$;

$x^2 = 4; x = \pm 2$. Получаем: (-2;2),(2;2) являются решением данного уравнения.

Ответ: (-2;2),(2;2).

Пример 7. Решите уравнение в целых числах $x^4 = y^4 + 2y^2 + 157$.

Решение: Введем обозначения $y^2 = a$;

Получаем уравнение $a^2 + 2a - x^4 + 157 = 0$.

Решим это уравнение, как квадратное относительно a.

$a = -1 \pm \sqrt{1 + x^4 - 157} = -1 \pm \sqrt{x^4 - 156}$.

Так как a – целое, то выражение

$x^4 - 156$ должно быть точным квадратом. Пусть $x^4 - 156 = m^2$, или

$(x^2)^2 - m^2 = 156$; тогда $a = -1 \pm m$. Представим 156 в виде произведения двух множителей одинаковой четности. Это; $78 \cdot 2; 26 \cdot 6$.

1 случай. $x^2 = \frac{80}{2} = 40$ (не точный квадрат).

2 случай. $x^2 = \frac{26+6}{2} = 16; x = \pm 4; m = 10; a = -1 + 10 = 9$,

то есть $y^2 = 9; y = \pm 3$.

Ответ: (-4;-3), (-4;3), (4;-3), (4;3).

Пример 8. Решите в целых числах уравнение $x^4 = y^2 + 2y + 32$.

Решение: Решим это уравнение как квадратное относительно y.

Имеем $y^2 + 2y - x^4 + 32 = 0$;

$y = -1 \pm \sqrt{1 - 32 + x^4}; y = -1 \pm \sqrt{1 - 32 + x^4} = -1 \pm \sqrt{x^4 - 31}$.

Так как y – целое, то выражение $x^4 -$

31 должно быть точным квадратом.

Пусть $x^4 - 31 = m^2$, тогда $y = -1 \pm m$.

Имеем $(x^2)^2 - m^2 = 31$. Представим 31 в виде произведения двух множителей одинаковой четности. Это; $31 \cdot 1$. Вычислим x^2 и m.

$x^2 = \frac{31+1}{2} = 16; x = \pm 4; m = \frac{31-1}{2} = 15; y = -1 + 15 = 14, ; y = -16$.

Пары чисел (-4;14), (-4;16), (4;14), (4;-16) являются решением.

Ответ: (-4;14), (-4;16), (4;14), (4;-16).

Пример 9. Решите в целых числах уравнение $19x^3 + 7y^3 + 27 = x^3 y^3$.

Решение: Введем обозначения $x^3 = a; y^3 = b$.

Тогда получаем $19a + 7b + 27 = ab$.

Введем обозначение $19a + 7b + 27 = t$.

Выразим b через t. $7b = t - 19a - 27; b = \frac{t - 27 - 19a}{7}$; Подставим это b в ab.

Имеем: $a\big((t - 27) - 19a\big) = 7t$, или $-19a^2 + a(t - 27) - 7t = 0$,

$19a^2 + a(t - 27) + 7t = 0.$

Решим это уравнение как квадратное относительно a.

$a = \frac{t-27\pm\sqrt{t^2-54t+729-532t}}{38} = \frac{t-27\pm\sqrt{t^2-586t+729}}{38}$. Так как a − целое,

то выражение $t^2 - 586t + 729$ должно быть точным квадратом.

Пусть $t^2 - 586t + 729 = m^2$, тогда $a = \frac{t-27\pm m}{38}$.

Решим уравнение $t^2 - 586t + 729 - m^2 = 0$.

$t = 293 \pm \sqrt{293^2 + m^2 - 729} = 293 \pm \sqrt{m^2 + 85120}.$

Так как t − целое, то выражение

$m^2 + 85120$ должно быть точным квадратом.

Пусть $m^2 + 85120 = n^2$, тогда $t = 293 \pm n; n^2 - m^2 = 85120$. Представим 85120 в виде произведения двух множителей одинаковой четности.

Это; $2 \cdot 42560; 4 \cdot 21280; 8 \cdot 10640; 16 \cdot 5320; 32 \cdot 2660; 64 \cdot 1330; 10 \cdot 8512;$ $20 \cdot 4256; 40 \cdot 2128; 80 \cdot 1064; 70 \cdot 1216; 14 \cdot 6080; 28 \cdot 3040;$ $56 \cdot 1520; 112 \cdot 760; 448 \cdot 190; 38 \cdot 2240; 76 \cdot 1120; 152 \cdot 560; 304 \cdot 280;$ $608 \cdot 140; 380 \cdot 224.$

(**Примечание:** *чтобы найти множители одинаковой четности, надо А разложить на простые множители, а потом составлять различные множители*).

Так как t- точный куб натурального числа, нам надо вычислить все t и из них выбрать те, которые являются кубом.

1 случай. $n = \frac{42562}{2} = 21281; t = 293 + 21281 = 21574$ или

$t = 293 - 21281 = -20988$. Оба t не являются кубом.

2 случай. $n = \frac{21284}{2} = 10642; t = 293 \pm 10642$ (не куб).

3 случай. $n = \frac{10648}{2} = 5324; t = 293 \pm 5324$ (не куб).

4 случай. $n = \frac{5336}{2} = 2668; t = 293 \pm 2668$ (не куб).

5 случай. $n = \frac{2692}{2} = 1346; t = 293 \pm 1346$ (не куб).

6 случай. $n = \frac{1394}{2} = 697; t = 293 \pm 697$ (не куб).

7 случай. $n = \frac{8522}{2} = 4261; t = 293 \pm 4261$ (не куб).

8 случай. $n = \frac{4276}{2} = 2138; t = 293 \pm 2138$ (не куб).

9 случай. $n = \frac{2168}{2} = 1084; t = 293 \pm 1084$ (не куб).

10 случай. $n = \frac{1144}{2} = 572; t = 293 \pm 572$ (не куб).

11 случай. $n = \frac{1286}{2} = 643; t = 293 \pm 643$ (не куб).

12 случай. $n = \frac{6094}{2} = 3047; t = 293 \pm 3047$ (не куб).

13 случай. $n = \frac{3068}{2} = 1534; t = 293 \pm 1534$ (не куб).

14 случай. $n = \frac{1576}{2} = 788; t = 293 \pm 788$ (не куб).

15 случай. $n = \frac{872}{2} = 436; t = 293 \pm 436;$

$t = 729$ (точный куб), $t = 293 - 436$ (не куб).

Если $t = 729$; то $a = \frac{729-27\pm m}{38}; m = \frac{760-112}{2} = \frac{648}{2} = 324;$

$a = \frac{729-27-324}{38}$ (не целое) или $a = \frac{729-27+324}{38} = \frac{976}{38} = 27,$

то есть $x = 3$; тогда $b = 27; y = 3.$

Пара чисел (3;3) является решением.

16 случай. $n = \frac{538}{2} = 269; t = 293 \pm 269$ (не куб).

17 случай. $n = \frac{2278}{2} = 1139; t = 293 \pm 1139$ (не куб).

18 случай. $n = \frac{1196}{2} = 598; t = 293 \pm 598$ (не куб).

19 случай. $n = \frac{712}{2} = 356; t = 293 \pm 356$ (не куб).

20 случай. $n = \frac{584}{2} = 292; t = 293 \pm 292;$

$t = 1$ (куб); $t = 585$ (не куб). Если $t = 1, a = \frac{1-27\pm m}{38}; m = \frac{24}{2} = 12;$

$a = \frac{1-27-12}{38} = -1$; или $a = \frac{1-27+12}{38}$ (не целое).

Если $a = -1; b = \frac{1-27+19}{7} = -1.$ Получаем $x = -1; y = -1.$

Парачисел (-1;-1) является решением.

21 случай. $n = \frac{748}{2} = 374; t = 293 \pm 374$ (не куб).

22 случай. $n = \frac{604}{2} = 302; t = 293 \pm 302$ (не куб).

Чтобы выяснить, является ли число кубом, надо знать, что кубы оканчиваются следующими цифрами. Если число *n*оканчивается на 0, 1, 2, 3, 4, 5, 6, 7, 8, 9, то n^3оканчивается на 0, 1, 8, 7, 4, 5, 6, 3, 2, 9.

Например; выясним является кубом число 21574 (*t* в первом случае), то есть $n^3 = 21574.$

Тогда *n* должен оканчиваться цифрой 2.

Число 21574$< 30^3$; Значит *n* может быть 22 или 12.

Но **$22^3 = 10648 <$**

21474, то есть 21574 не является кубом натурального числа.

Ответ: (-1;-1), (3;3).

Пример 10. Решите в целых числах уравнение$2x^4 - 5x^3y + 3 = 0$

Решение. Представим уравнение в следующем виде; $2(x^2)^2 - 5xyx^2 + 3 = 0.$

Обозначим x^2 через a.

Получаем уравнение $2a^2 - 5xya + 3 = 0$.

Решим это уравнение как квадратное относительно a, где $a \geq 0$.

Имеем: $a = \frac{5xy \pm \sqrt{25x^2y^2 - 24}}{4} = \frac{5xy \pm \sqrt{(5xy)^2 - 24}}{4}$;

Так как a-целое, то выражение $(5xy)^2 - 24$ должно быть точным квадратом.

Пусть $(5xy)^2 - 24 = m^2$ или $(5xy)^2 - m^2 = 24$ Тогда $a = \frac{-5xy \pm m}{4}$. Представим 24 в виде произведения двух множителей одинаковой четности. Это; $6 \cdot 4$; $12 \cdot 2$. Рассмотрим эти случаи.

1 случай. $5xy = \frac{6+4}{2} = 5$; $xy = 1$; $m = \frac{6-4}{2} = 1$, тогда $a = \frac{5 \cdot 1 \pm 1}{4}$; $a = 1$;

$x^2 = 1$; $x = \pm 1$; $y = \pm 1$.

2 случай. $5xy = \frac{12+2}{2} = 7$; $xy = 1,4$ (не целое). Пары чисел (1;1), (-1;-1) являются решением. **Ответ: (1;1), (-1;-1).**

Пример 11. Решите в целых числах уравнение $3x^3y + y^2 - 5xy - 3 = 0$

Решение. Представим уравнение в следующем виде;

$3x^3y + y^2 - 5xy - 3 = 3xy \cdot x^2 + y^2 - 5xy - 3 = 0$, $xy(3x^2 - 5) + y^2 - 3 = 0$.

Введем обозначения $x(3x^2 - 5) = a$.

Получаем уравнение $y^2 + ay - 3 = 0$.

Решим это квадратное уравнение: $y = \frac{-a \pm \sqrt{a^2 + 12}}{2}$;

Так как y-целое, то выражение $a^2 + 12$ должно быть точным квадратом.

Пусть $a^2 + 12 = m^2$ или $m^2 - a^2 = 12$. Тогда $y = \frac{-a \pm m}{2}$. Представим 12 в виде произведения двух множителей одинаковой четности. Это; $6 \cdot 2$; $-6(-2)$. Рассмотрим эти случаи.

1 случай. $m = \frac{6+2}{2} = 4$; $a = \frac{6-2}{2} = 2$, тогда $y = \frac{-2+4}{2} = 1$ или $y = \frac{-4-2}{2} = -3$.

Имеем $a = 2$; $y = -1$; $y = -3$.

Найдем x;

$x(3x^2 - 5) = 2$. Если $x = 1$, то $3 \cdot 1 - 5 = -2$; $1(-2) \neq 2$. Решений нет.

$x = -1$, то $3x^2 - 5$ равно $3 \cdot 1 - 5 = -2$. Решений нет.

Рассмотрим второй случай и найдем m и a.

$m = \frac{-6-2}{2} = -4$; $a = \frac{-6+2}{2} = -2$; $y = \frac{2 \pm (-4)}{2}$; $y = \frac{2+4}{2} = 3$; $y = \frac{2-4}{2} = -1$.

Имеем: $a = -2$, $x(3x^2 - 5) = -2$; Пусть $x = 1$; $3x^2 - 5 = -2$.

Других решений нет. Пары чисел (1;-1), (1;3) являются решением.

Ответ: (1;-1), (1;

Используемая литература.

1. Агаханов Н.Х., Купцов Л.П., Нестеренко Ю.В., Резниченко С.В., Слинько А.М. Математические олимпиады школьников. М..: Просвещение: Учебная литература 1997.

2. Абдурагимов Э.Н., Магомедов А.М., Мехтиев М.Г., Насруллаев Ф.М-С., Якубов В.Я., Математические олимпиады школьников ДАССР. Махачкала. Дагучпедгиз 1987.

3. Азаров А.И., Барвенов С.А. Методы решения алгебраических уравнений, неравенств и систем. Минск. Аверсэз 2004.

4. Балаян Э.Н. Готовимся к олимпиадам по математике 5-11 классы. Ростов Н/Д. Феникс 2009 (Большая перемена).

5. Балаян Э.Н. Сборник задач по математике для подготовки к ЕГЭ и олимпиадам. Задачи повышенной сложности 9-11 классы. Ростов - на Дону. Феникс 2010.

6. Балаян Э.Н. Готовимся к олимпиадам по математике. Сдаем ЕГЭ на сто баллов 9-11 классы. Ростов на Дону. Феникс 2010.

7. Балаян Э.Н. Лучшие олимпиадные задачи по математике 7-11 классы. Ростов на Дону. Феникс 2011 (Большая перемена).

8. Балаян Э.Н. 1001 олимпиадная и занимательная задачи по математике. 3-е издание. Ростов на Дону. Феникс 2008 (Библиотека учителя).

9. Безруков О.Л. Олимпиадные задания по математике 5-11 классы.

10. Власова А.П., Латанова Н.Н., Евсеева Н.В., Шишкина Л.А., Хромова Г.Н. ЕГЭ за 30 дней. Математика. Экспресс-репетитор. М..: АСТ; Астрель 2011.

11. Довбыш Р.И., Потемкина Л.Л., Трегуб Н.Л., Меманский В.В., Оридорога Л.Л., Кулеско Н.А. Математические олимпиады. 906 самых интересных задач и примеров с решениями. Ростов на Дону. Феликс. Донецк. Издательский центр «Кредо» 2006.

12. Дорофеев Г.В., Седова Е.А., Шестаков С.А. Математика. Супер репетитор. Москва. ЭКСМО 2007.

13. Лепехин Ю.В. Математика 7-8 классы. Задания для подготовки к олимпиадам. Издательство «Учитель». Волгоград 2008.

14. Соболь Б.В., Рашидова Е.В., Хоменко Э.А., Ерашова Г.И. Математика: пособие для подготовки к ЕГЭ. Ростов - на Дону. Феникс 2010.

15. Сергеева Н.Н., Зарубежные математические олимпиады. Москва «Наука». Главная редакция. Физико-математическая литература.

16. Фарков А.В. Математические олимпиады в школе, 5-11 классы.10-е издание. Москва, Айрис-пресс 2001.

17. Фарков А.В. Готовимся к олимпиадам по математике. Учебно-методическое пособие. М..: Издательство «Экзамен» 2006.

18. Хорошилова Е.В. Элементарная математика. Учебное пособие для старшеклассников и абитуриентов. Издательство Московского университета. 2010.

Printed by Books on Demand GmbH, Norderstedt / Germany